JN188342

NOUFUKU

ノウフク大全

農福連携技術支援から農園型雇用まで

Takakusa Yushi
髙草 雄士

創森社

ノウフク大全～農福連携技術支援から農園型雇用まで～――もくじ

• M E M O •

◆年号は西暦の使用を基本とし、必要に応じて和暦を併用しています

◆人名は、おおむね敬称略。また、本文で強調する文字、語句については、目立つように太字にしています

◆カタカナ専門語、英字略語、難解語は、主に初出の前、または初出後の（　）内で語意などを解説しています

◆障害の害のイメージがよくないこともあり、あえて「障がい者」と表記する例もありますが、社会の側にある障壁（障害）を取り除いていくべきことを踏まえ、本書では国の研修用テキストなどと同様に「障害者」と表記している箇所もあります

◆法律・施策、組織名は初出の際にフルネームで示し、以降は略称にしている場合があります

◆本文中の法律など文献の引用文、引用語句は、原則として原文のままとしています

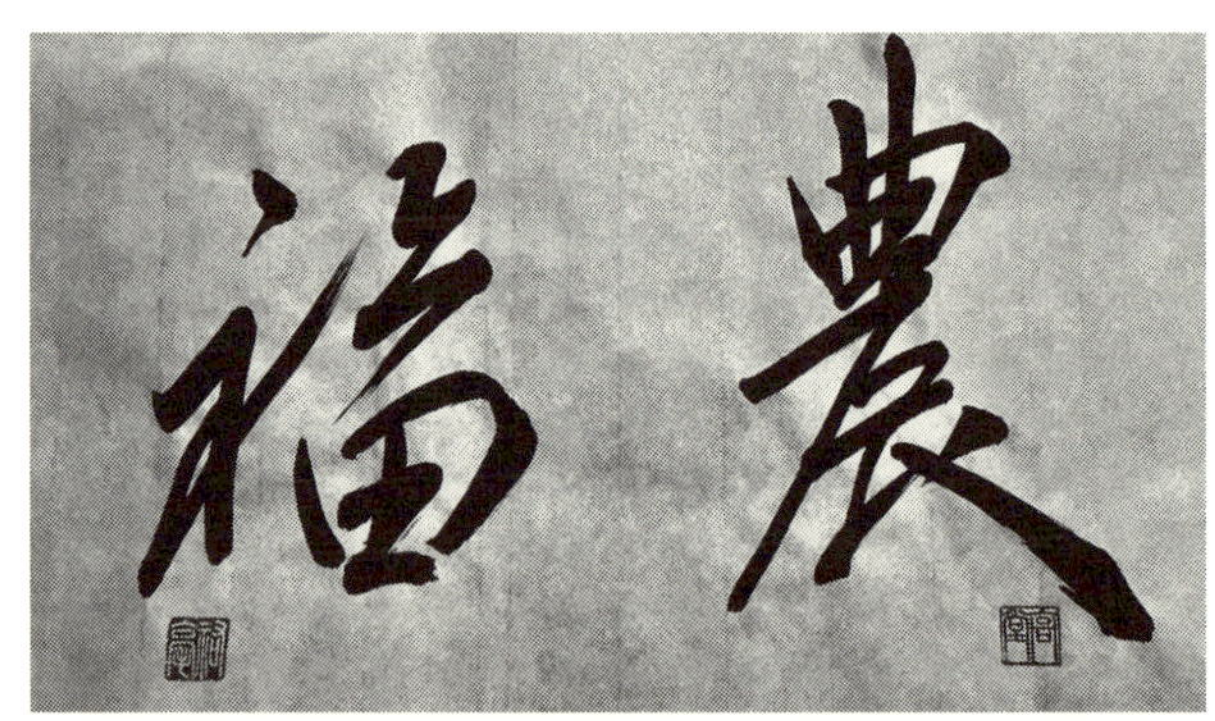

ノーマポートを創設し、農福連携推進に注力してきた父・
高草志郎に捧ぐ。書は著者（雅号：高堂巓古）によるもの

NOUFUKU

序　章

ノウフク指南

～境界・方法・役割～

ノウフクの境界

異なる者同士の連携は、ときとして掛け算になることがある。

本書のテーマとなる農業と福祉が連携したノウフクも、この掛け算の連携に入るのではないだろうか。

ご存じのように、**ノウフクは「農福連携」の略で、文字どおり、農業と福祉が連携して、相互によき影響を与える方法**である。

農業が福祉になじめば、より誰もが参加しやすい農業へとデザインされるようになるし、福祉が農業になじめば、人手不足に苦しむ農家の一翼を担えるようにもなってくる。

「なじむ」というのは、知性ではなく、感覚的なものになる。

例えるなら、握手そのものだ。ノウフクが農業と福祉が握手をして、連携をしているとイメージできるものは少なくない。

握手は上下に少しふっていくと、だんだんと相手の腕が自分の腕のように、自分の腕が相手の腕のようになってくる。これが「なじみ」だ。要は、互いに我が身のごとく感じるのが、なじむということである。

ただ、ノウフクの握手は異なる業界同士なので、例えるなら、これを握手と呼んでよいのかわからないけれども、**じゃんけんのグーとパーで握手**をする感覚に近い。

実際にやっていただくとわかるが、これは一筋縄ではなじまない。

でも、これを**どうにかして互いになじませようとする**のが、ノウフクであるとイメージしていただきたい。

どう工夫していくべきかのヒントは、本書にちりばめていくので、関心を惹いたページから自由に読んでいただければ、幸いである。

本書は、ノウフクのプレーヤーをコーディネーターにする1冊である。私もコーディネーターのはしくれとして日本全国を行ったり来たりしている。

申し遅れたが、本書でノウフクのガイドをさせていただくのは、私、高草雄士になる。主に、企業参入型のノウフクとご縁を頂戴しており、毎年、各都道府県で農福連携技術支援者育成研修の講師もさせていただいている。２０２３年には、農園型障害者雇用問題研究会に農福連携特例子会社連絡会の代表として参加した。

本書『ノウフク大全（たいぜん）』の副題を、「農福連携技術支援から農園型雇用まで」という切り口にしたのは、このような背景がある。

また、「文藝春秋SDGsエッセイ大賞2023」では、ノウフクのことを書いた記事「僕らはひたすら草を土に置く」でグランプリをいただいている。

ノウフクは今、静かに注目を集めているのだ。

私は、そのようなノウフクをできる限り、多様なままお伝えできればと考えている。

したがって、農業と福祉のあいだはもちろんのこと、あえて、主観と客観のあいだ、自然と偶然のあいだ、プロとアマチュアのあいだを行ったり来たりしながら、それぞれのあいだの境界線を薄くしていく。この**境界の編集**こそ、多様なノウフクが互いになじみながら、連携していく鍵だと信じているからだ。

本書は『ノウフク大全』というタイトルにしたが、現在進行形である全てのノウフクという現象を網羅することはできない。

しかし、**全てのノウフクの源流となっている方法**を余すことなくお伝えすることは可能であると考えている。

いわばノウフクのレシピを共有していくので、その調理は読者自身がそれぞれのお立場を背負いながら、お好みの味つけをしていっていただきたい。このようにすることで、地域の特色が活かされた持続可能性のあるノウフクが全国に普及していくと感じている。

さて、農林水産省におけるノウフクの定義（原文）は以下のとおりになる。

農福連携とは、障害者等が農業分野で活躍することを通じ、自信や生きがいを持って社会参画を実現していく取組です。
農福連携に取り組むことで、障害者等の就労や生きがいづくりの場を生み出すだけでなく、担い手不足や高齢化が進む農業分野において、新たな働き手の確保につながる可能性があります。

―農林水産省ホームページより引用

ちなみに、**「障害者等」とは、障害者だけでなく、シニアの方、外国人、ひきこもり、リワーク中の方、触法者等、幅広い方を対象としている**という意味での「等」になる。

そもそも片仮名ノウフクは農福連携よりもやや広義に使われる場合が多い。ノウフクのノウは、畜産業や花卉業はもちろんのこと、林業と連携した林福連携や水産業と連携した水福連携もノウに入る傾向にある。そして、ノウフクのフクは生きづらさを抱える多様な方々まで含められることが一般的となってきた。

本書においても、農福連携はこのようなカバレッジ（次々と網羅していく様）であるべきだという考えのもと、農福連携を「ノウフク」と表記していくこととする。全ての人にとっての、いわゆるユニバーサル（42頁、詳述）に近い意味で、「ノウフク」を味わっていただく。

また、障害者をはじめとした生きづらさを抱えた方々のことを**「当事者」**と表していく。

ノウフクの方法

本書の目的は、先ほども述べたばかりだが、ノウフクの方法を余すところなくお伝えし、より多様な方々がノウフクに参入していただける土台やきっかけをつくることにある。

そのためには、まず細分化という共通の方法を理解していただく必要がある。すなわち、

ワケルとワカル

ということに尽きる。物事には、分けるとわかり

やすくなる性質が見受けられる。逆に言えば、わからなかったら、まず分けて考えてみてはどうかということだ。

このようなわけで、私は**一途で多様な細分化の技法**を読者にお伝えしていく。

一途に作業細分化を繰り返していくと、ノウフクの型がおのずと形づくられてくる。しかし、過度にその型どおりに物事を進めてしまえば、せっかくの多様性が画一的・平均的になってしまう危険性も出てこよう。

そこで、本書では一途と多様のあいだも行ったり来たりしながら、持続可能なノウフクへのプロセスをなぞっていくことにする。

そもそも人類が細分化に注目したきっかけは、デカルトであった。

彼は心と身体を分けた。

この分け方の良し悪しは別として、以来、人類は分断される傾向にある。私たちも既に分断された世界に生まれ、育ってきた。

もともと異なる世界観で暮らしてきた者同士なのだ。互いにわからないことだらけだが、そのような中でも、まずは**眼前の農業を細分化して、相互理解をしていこうとする雰囲気**が必要不可欠となってくる。

このような理由で、本書では、まず共通のやるべき農作業を細分化しながら、農家は福祉的理解を深めていくための現場の見方から、支援者や当事者は農的理解を深めていくための現場の見方から始めていくこととする。

また、近年では障害者雇用率の上昇に伴い、企業がノウフクに参入する事例も増加している上、行政やＪＡ（農業協同組合）とも連携したノウフクも注目を集めている。

このような動向を踏まえると、もはや農家と福祉事業所だけでなく、より多くの参入者の相互理解が求められるようになった。

一般的に、農家は経営力強化や人手不足の解消を目的としたノウフクを期待して参入する。いわゆる**戦力となるノウフク**を求める傾向にある。

これに対し、福祉は工賃向上や当事者の職域開拓といった目的でノウフクに参入することが多い。

また、企業は**障害者雇用**を背景としたノウフクへの参入をし、その取り組みをグループ会社全体のCSV（共通価値の創造）やESG（環境・社会・ガバナンス）、サステナビリティへとつなげるパターンが目立つようになってきた。

まさに今、多様な握手がなされてきているのだ。

その最たる例は、省庁であろう。

現在（2024年）、ノウフクに携わっている省庁は、農林水産省と厚生労働省に加えて、法務省と文部科学省の計四省庁になる。このように省庁が横につながっていく事業は、実に珍しい。

法務省は触法者の就労先として、ノウフクに可能性を感じており、実際に活躍されている方々も既にいる。触法者の中には、障害をお持ちの方も少なくないので、まさにノウフクの工夫が触法者も働ける環境をつくっているともいえよう。

また、文部科学省は**特別支援学校**の就労先として、法務省と同様にノウフクに期待しており、今後は就農希望者の生徒がノウフクで活躍していけるようなカリキュラムも編まれていくように見受けられる。

多様なノウフクへの参画者が増えれば増えるほど、それぞれがイメージするノウフクもまた多様になり、目的や期待も異なってくる。この多様性を理解するためには、やはり一度、全体像を把握してから、各々の立場に還り、ノウフクを深めていったほうが早い。そのための「大全」でもある。

したがって、本書では以下の三つの章に大きく分け、ノウフクの全体を見ていくことにする。

第1章　農業の細分化
第2章　福祉の細分化
第3章　連携のモデル

農業を分ける

第1章では、農業を分けて、農業を紐解いていく。

そもそもノウフクは次のように農業を分けてスタートするとよい。

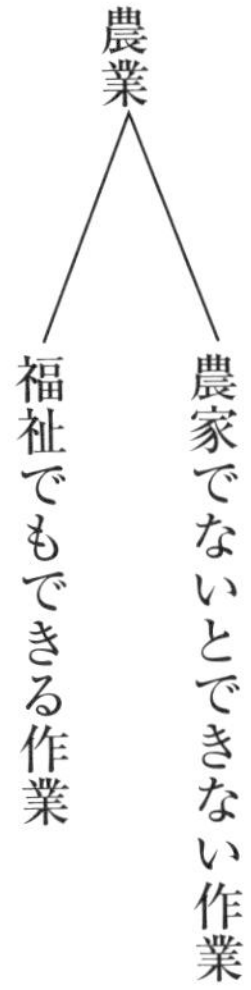

農業
- 農家でないとできない作業
- 福祉でもできる作業

実は、改めて農業をこのように細分化すると、体験豊かな農家でないとできない作業というのは、意外と少ない。むしろ、高齢化問題の深刻さを考えれば、このような類の仕事は年々減ってきているとも言える。

対照的に、福祉でもできる作業というのは、工夫さえすれば、ほとんどできるといっても過言ではない。その工夫は、等しく次の手順をもって行われる。

1、作業細分化
2、難易度評価
3、作業割当て

すなわち、作業をわかりやすく分けて、その分けられたひとつひとつの工程の難しさを考え、当事者の特性を配慮しながら、工程を任せていくといった手順になる。

実際、ノウフクがうまくいくか否かは、ノウとフクのあいだにかかっている。

そのあいだを編む役割の方として、**農福連携技術支援者（農業版ジョブコーチ）**が全国で活躍されている。具体的には、当事者に対して、農福連携を現場で実践する手法を具体的にアドバイスする人材である。農福連携技術支援者は農林水産省が主催する農福連携技術支援者育成研修を受講し、試験に合格すれば、とれる資格になる。

本書では、農福連携技術支援者を含む農家と福祉のあいだを編む役割を担っている方々を**「支援者」**と、農福連携技術支援者育成研修を**「研修」**と表記していくこととする。

例えば、農家が当事者に直接、農作業指示を出しても、伝わらないことが多い。そこで、支援者がそのあいだに入り、当事者の特性を配慮しながら、わかりやすく伝える必要が出てくる。

そこで第1章では、農福連携技術支援者育成研修のテキストに基づいた農業の分析方法をお伝えしていく。

「技術」や「モデル」といった言葉が使われる以上、それを真似することができることを意味する。したがって、農福連携「技術」も皆で真似ることが可能なのだ。

皆が同じ基準を真似ることができるからこそ、全国の現場で似た質の支援が保たれるのではないだろうか。当事者が安全に安心して働ける環境の土台は、このようにして築いていくことができる。

福祉を分ける

次に、第2章では福祉をわかりやすく分けていく。

一般的に、当事者の特性は三障害として、次のように分けられている。

- **身体障害**
- **知的障害**
- **精神障害**

むろん、より細かく障害を分けていくことができるが、本書でも、このように福祉を分けていくことを基本とする。**それぞれの特性に合った農作業を、今度は福祉目線で考察していくこと**になる。

例えば、同じ除草の農作業でも、第1章のように農業を分母にして考えた場合と、第2章のように福祉を分母にして考えた場合とでは、その印象は大きく異なってくる。

農業目線で除草を考えた場合は、当事者の安全を確保しながらも、いかに効率的にかつ正確に作業を進めるかが主題になるのに対し、福祉目線で除草を考えた場合は、その除草が当事者にどのような影響を与えるのか等を考えなければならない。

園芸療法に代表されるように、障害の有無にかかわらず、農業には人を癒す力がある。それは人が先天的に自然への愛着を持っているからに他ならない。このような視点を**バイオフィリア仮説**という。バイオとは「生命の」、フィリアとは「愛」のことである。

ただ、デカルトの知的に物事を細分化していく手法にしろ、バイオフィリア仮説にしろ、西欧的な方法であるということに対しては、私は積極的にこだわっていく。

現代日本は、過度な西欧化を経て、自国の文化や方法に自信が持てず、みじめきわまりない一面があるように個人的には見受けられるからだ。

日本では、バイオフィリア仮説に基づいて、見晴らしのよいところで農作業をすることは、当事者にもよい影響を与えるという見方が一般的になっている。近くに外敵がいないとわかり、安心するからというのが理由だ。

たしかに、この考え方は西欧人にはよく当てはまる。西欧人と一緒に旅をしていると、彼らは広大な自然を好む傾向にある。あちこちの地平線や水平線を彼らとよく見てきた。しかし、東洋人は、私の知る限り、見晴らしのよい開けた景色よりも、ある程度、木々に囲まれた閉じた場を好む傾向にあった。これは障子越しの光源を愛でてきた日本人にも当然見られる特性である。むろん、私も閉ざされたほうが安心する派である。

したがって、日本の当事者の中には、広大に開けた圃場が苦手な方も当然いる。西欧の研究は結構であるが、本来の日本的な研究も待たれるところであろう。多様を語るなら、西欧的方法も東洋的方法も両方とも認め、なじませるのが自然なのだ。

既に西欧的な方法だけでは、持続不可能と世界が気付き始めている。今やそのような意味でも、古きよき日本文化に絶大な注目が集まっているが、肝心の日本人が未だに西欧を模範として、生き残ろうとしている節がある。

農業もその例外ではなく、結局は外国の種や肥料に依存せざるを得ない状態に陥ってしまい、農家も大変厳しい局面を迎えている。農文化として代々営まれてきた我が国の古きよき農業を見直すべきところもあるのではあるまいか。このようなきっかけもノウフクは与えてくれるように私は感じる。

英語でノウフクはSocial Farmingと訳されることが多い。日本語でも「ソーシャルファーム」として、言語的な市民権を既に得ている。では、西欧的なソーシャルファームと日本のノウフクは、どのような違いがあるのか。**日本的なノウフク**の潜在的価値にも本書では触れていきたい。

閑話休題。第2章の福祉の細分化の話にもどろう。

ちなみに本書では、話の脱線も礼賛していく。

福祉を細分化する目的として、当事者の才能を開花させることが挙げられる。ノウフクの場合、才能は以下のように分けて考えるとよい。

才能
- 才　当事者の中に眠る力
- 能　支援者が引き出す力

たしかに農業には、当事者にとってすばらしい体験を与えられる器があるが、当事者が黙々と農業をしているだけでは、あまりその才能が花ひらくことはない。

やはり、そこにはどうしても支援者の愛と工夫が必要となってくる。

支援者の別称は、ジョブコーチであった。

ジョブコーチの「コーチ」とは、まさにこのような姿勢で相手の才能を引き出していく職種の人をいう。ノウフクであったなら、当事者の才能をまず信じ、**問いや傾聴でもって、当事者の農的才能がおのずと花ひらく機会を提供する**ことが、支援者の主な役割になる。これが「コーチング」の基礎である。

もちろん、当事者がわからないことを教える「ティーチング」も、ノウフクには必要不可欠になる。安全管理の側面から、コーチングのように当事者が自ら気付くのを待っている場合ではないことも多々あろう。しかし、支援が全て「ティーチング」一色になってしまっては、せっかくの多様な才能が、画一的になってしまう。

このような編集では、つまらないノウフクに堕してしまう。したがって、第2章では福祉におけるコーチングの可能性も示唆していく。当事者の才能を引き出す技術と共に、その環境づくりも共有できたらと考えている。

誰もが働ける環境をつくろうと思うことが、後で述べるユニバーサルデザインのはじまりであるからだ。

役割を分ける

そして、最後の第3章では、連携のモデルを扱っていく。

第1章で農業を細分化し、第2章で福祉を細分化していくが、これだけでは、農業と福祉のそれぞれの理解が深まったに過ぎない。そこで、第3章では、どの農的工程とどの福祉的工程を連携させるべきなのかを分析していく。

農法ごとのノウフクとの連携もこちらの章で考えてみたい。

しかし、このように多様な参入者がいると、その連携方法も自然と複雑多岐になり、新規参入者にとって、わかりづらい側面が出てくるのもまた事実である。

したがって、第3章は**ノウフクの役割を分けていく**ことで、連携そのものをわかりやすくしていきたい。全てのノウフクには、基本的に次の四つの役割を担う方が必要となる。

- **農家**
- **当事者**
- **支援者**
- **コーディネーター**

つまりは、ノウフクの登場人物だ。

現場における農家と当事者の架け橋となるのが支援者であったが、コーディネーターは、そもそもどの農家と、どの当事者をどのように連携させ、そのあいだにどの支援者を挟むのかを考えるのが、役割のひとつになる。

このようなマッチングは、それぞれの世界観を傾聴できるコーディネーターがいて初めて、成り立つものになる。コーディネーターはカワルガワル（代わる代わる）、多様な方々と会っていくけれども、基本的には傾聴されたほうがマッチングはうまくいく。やはり、異なる世界から来る者に対して、どうしても人は警戒してしまうからだ。ムコウからわざわざやってきたのに、うんうんと肯いて、自分の話を聞いて帰るだけという印象を受けたら、人はどこかホッとするのである。

では異なる世界の方々を傾聴し、どうするのか。双方の課題解決につながるマッチングがすぐにできればよいが、そんなにピッタリと課題が合わさらないかもしれない。そのようなときこそ、コーディネーターの腕の見せどころで、既に持っているものを見直すのである。

「はじめてのおつかい」という人気番組があるが、あれは子どもの目線で普段のおつかいを見直すから、手に汗を握るのではないだろうか。同様に、同じ現場も農家として見るのと、支援者として見るのとでは大きく異なるのはもちろん、**当事者の身になって現場を見直す**ことも非常に大切となってくる。

多様な目線で、既にあるものを見直すと、たまたま障害者ができたこと・ミスしたことが、マッチングの鍵になったりする。そのような偶然を味方にすることで、連携先同士の連携が急に深まったりするのだ。

したがって、コーディネーターはわざわざ現場にいる必要はないものの、地域ノウフクのデザインをする上では、最も肝心な役割を担う人と言える。コーディネーターはマレビトであり、トリックスターであるべきだという主観も確信犯的に入れていくことになると思う。

最後は、コーディネーターの視点も紹介しつつ、様々な優良連携モデルをご紹介したい。

また、良くも悪くも、ノウフクで物議を醸し続け

ノウフクで作業をした収穫期のミニトマト。ノウフクは連携によって当事者も農業にかかわり、安心して働ける場が整っていることを証している

てきた連携として、**「農園型障害者雇用」**というモデルがある。このモデルもまた、多様であるものの、本質的な障害者雇用と言えないのではないかという声が挙がっている。こちらのモデルにおいても、問題となっている点や修正していくべき点などをまとめていく。

誰でも働ける環境

ノウフクは、本当に多様な方々が集まる営みである。

これこそがノウフクの魅力を最も現しているのかもしれない。むろん、その背景には当事者が懸命に農業をされている日常がある。

自分たちが食べるものを、自分たちでつくる。

私たち近代人は、この一見、当たり前のことから離れ過ぎてしまったのではないか。

人としての基本的な営みを、当事者と共に進めていく時間が、永い人生のあいだに少しはあってもよいであろう。ノウフクはときとして、やさしく人が農的生活へともどれる機会をも与えてくれる。

高齢化や資材の高騰で、農家が独力で生き残るのが困難な時代へと確実に突入している。したがって、農家もまた柔軟に方法を変えていくべきときなのだ。その課題解決のひとつとして、福祉と連携するノウフクが確実に台頭してきたように見受けられる。

このままいけば、自分たちが食べるものを、農家に任せきりにする時代は、間もなく終焉を迎える。これは頭の中だけで考えて解決する問題ではなく、即実践を要する案件であろう。

たしかに科学や外国に食を頼れば、理論的には生きていけるのかもしれない。しかし、それは本当に持続可能な生き方なのだろうか。あるいは本当の意味での独立国家なのか。

農業と同様、書物も大変厳しい状態にある昨今、私はあえて紙の本にノウフクの全てを託すことにする。その意味での『ノウフク大全』でもあるのだが、本書が掛け算の連携を生み出すきっかけに少しでもなったならば、幸いだ。

激動の時代、原点に還るべきは障害の有無に関係なく、やはり農業であろう。

その農業が多様な異業種と連携をしていくにせよ、**はじまりはノウフクであったほうがよい**。なぜなら、当事者が安全に安心して働けるということは、誰でも働ける環境が整っているということを意味するからだ。

私が代表理事を務める一般社団法人ノーマポートは「ノーマライゼーションの港（ポート）」となれるようにと願いを込めた、父高草志郎の造語になる。ご存じのように、港は陸と海のあいだにあり、いわば陸と海の縁側と言ってもよいのではないか。場そのものもまた、ときとして、コーディネーターとなり得るということをおさえておいていただきたい。

また、ノーマライゼーションとは、当事者や高齢者といった社会的弱者に対して特別視せずに、誰もが社会の一員であると捉えることを指す。むろん、この考え方はノウフクとの親和性が高い。ノーマライゼーションが社会に浸透すれば、やがて「障害者」や「ノウフク」といった言葉がなくなるであろう。なぜなら、当事者をはじめとした多様な方々が農業で活躍するのが、当たり前になるからだ。

フラジャイル（繊細）かつ多様な方々が、相互に連携していく時代の幕開けである。そこに少々古風であるが、**和敬清寂**の熟語を添えて、ノウフクを案内していく。互いによく和し、よく敬い、よく清め、よく寂（さび）すということである。

それでは、掛け算の連携を始めていこう。

なお、本書では、足し算の連携よりも掛け算の連携を際立たせていく関係上、農業の専門書と福祉の専門書を足し合わせるといった方法はとらない。したがって、扱う範囲は農業と福祉が掛け合わされたときの接点、あるいは、あいだのみとなっている。具体的には、福祉が混ざった農業を第1章で細分化し、農業が混ざった福祉を第2章で細分化する。そして、第3章で、農業と福祉が互いによく連携していくためのモデルを提供するといった手順を踏む。

NOUFUKU

第1章

農業の細分化

～ワケルとワカル～

農業の細分化

ノウフクは林業や水産業も含めて考えられるので、次のように分類されることも最近では少なくない。

ノウフク
- 農福連携（ノウフク）
- 林福連携（リンプク）
- 水福連携（スイフク）

農業と福祉の連携はこれまで見てきたように、ノウフクとして表記されるが、正確には農業・林業・水産業と分けた上での農業と福祉が連携した小さなノウフクと、農林水産業全体と福祉が連携した大きなノウフクの二つのパターンがある。

本書では、林業と福祉が連携した林福連携（リンプク）と水福連携（スイフク）も含めた**広い意味で「ノウフク」**という言葉を使っていく。

また、伝統と福祉の連携ということで、伝福連携（デンプク）も注目を集めているが、養蚕など、デンプクの一部にはノウフクと重なる部分も見受けられる。

本書では、このようなデンプクの一部も同様に、ユニバーサルに近い普遍的な意味合いでノウフクとして扱っていくことにする。

複雑に映るかもしれないが、どの連携に進もうと、**まず細分化をしていけば、ノウフクの土台ができてくる。**

本書でお伝えしたいことは、「ワケルとワカル」であった。したがって、農業も細分化すると、関係者が皆わかりやすくなる。

ノウフクにおいては、ひとりだけが複雑なことを理解している状態よりも、**簡単に全体を分けて、わかりやすくしたものを皆で共有している状態**のほうを重視されたい。

さて、第1章では「農業の細分化」をお伝えして、**ノウフクが農業のどこの部分で活躍できるのか**を考察していく。というのも、農業自体もあまりに多様で、複雑に映る場合が多いからだ。

複雑多岐に映る農業も、分ければ皆がわかるのである。

農業を分ければ、まずノウフクがやるべき農作業がわかる。その農作業をさらに分ければ、当事者が輝ける場所もおのずとわかる。また、その作業が当事者にとってまだ難しかったとき、さらにその作業を分けることで、当事者ができる仕事を具体的に切り出すこともできる。

ノウフクの成功の可否を握るのは、まさに「農業の細分化」にあるといっても過言ではない。

作業細分化

ノウフクを始めるにあたり、よく出てくる感想が、
・何から始めてよいか、わからない
というものになる。わからなければ、まず分けるということであったから、農業を細分化していこう。

細分化の原則は、次の三つになる。

1、分ける目的を明確にする。
2、大きいものから小さいものの順で分ける。
3、物事を二つか三つに分ける。

「農業」も同様で、まず細分化する目的を忘れてはならない。

当事者がより働きやすい環境をつくるというのが目的であるのならば、**「難易度」を基準にして細分化をするべき**である。

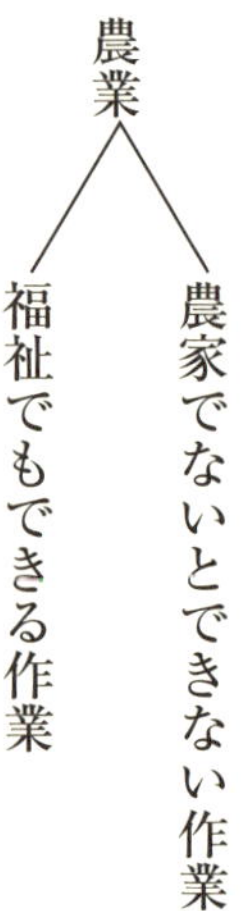

右のような細分化はノウフクの基礎となるが、この分け方は「難易度」を基準として「農業」を分けているのがわかるだろうか。

より収益を上げたいというのが目的であったら、もちろん細分化も異なってくる。その場合は、「生産性」を基準にして細分化したいところであろう。

次に2の「大きいものから小さいものへと分けていく」というのは、**抽象的なものから具体的なものへと考える**と言い換えてもよい。

例えば、「通年できる仕事」を基準として、農業を分けた場合は、「露地」と「ハウス」の栽培に分けられるかもしれない。すると、「ハウス」のほうが雨天でも作業ができることが多そうだから、「ハウス」のほうがよいかと目星をつけることができる。

もしこれが、「熱中症」を基準としたものであったなら、今度は「ハウス」よりも「露地」に適していると考える方もいるのではないだろうか。

分けることで、目星がつけられるというのも、作業細分化の技法において重要な目的のひとつになるのだ。

さて、「農業」という抽象度の比較的高いものを細分化していくと、次のように細分化を繰り返していくことになる。

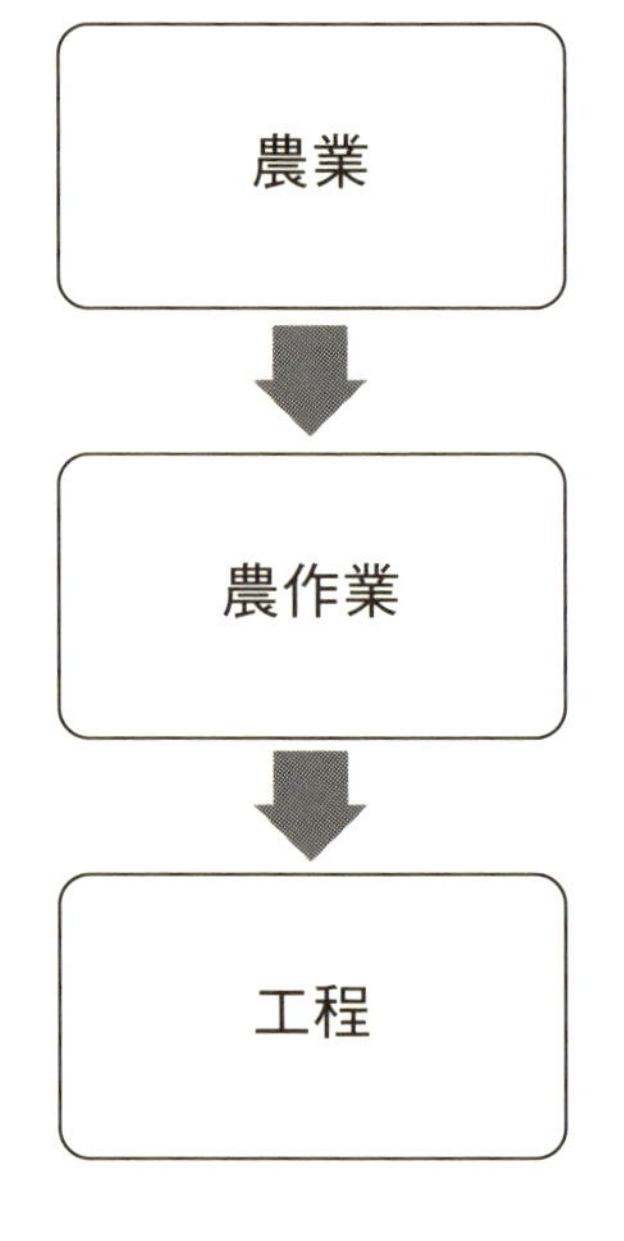

「農業」を具体化していくと、「農作業」になり、その「農作業」をさらに具体化すれば、「工程」に分けられる。

例えば、「除草」という農作業は、「草を抜く」「とった草を運ぶ」「草を捨てる」といった三つの工程に分かれるといった具合である。

そして、３の**「物事を二つか三つに分ける」**というのは、正確性よりもシンプルさを重視するルールになる。

英語で五文型というのがあったのを憶えているだろうか。

言語学者によっては、英語を百文型以上に分けた方もいるが、これではかえってわかりにくくなってしまう。五文型だけでも、あれだけ苦労したのだから、やはり物事は二つか三つに分けるのがよい。

同様に、科学も物質を細分化し続け、ついには分子や原子といった極小のものを発見するに至ったものの、これを普段の暮らしでどう活かしてよいか、わかりにくい。

したがって、農業や農作業もまずは大きく二つか三つに分けると、わかりやすい。もちろん、いくらでも細かく分けることはできるが、細分化はあくまでも、皆がわかりやすいように分けていくことが肝要になる。一度わかってしまったら、それ以上は分ける必要はない。

無駄は省くということだ。

「農業」の細分化

ノウフクを始める際、まず考えるべきは、**農業のどの部分を福祉に任せるか**という問いへの答えになる。

繰り返しになるが、農業をノウとフクを分けるのだ。

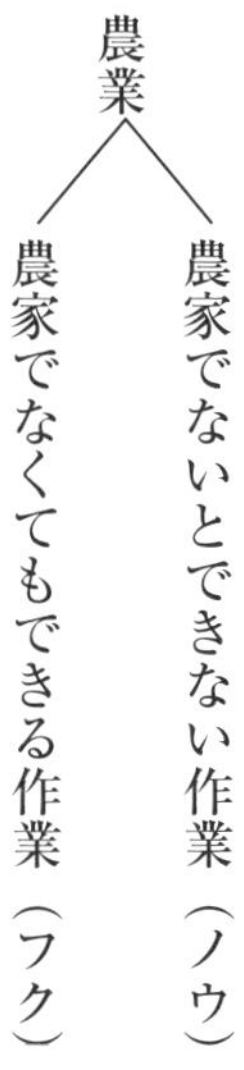

農業
- 農家でないとできない作業（ノウ）
- 農家でなくてもできる作業（フク）

この分類は、ノウフクへの参入を考えていない農家でも考えるべきことになる。なぜなら、「農家でなくてもできる作業」を機械に任せるのか、パートや外国人の方に任せるのかといった経営判断がより深まるからだ。もし「農家でなくてもできる作業」が、福祉でもできると感じたなら、ぜひノウフクの導入を検討して欲しい。

ちなみにノウフクは外国人労働者と比較されることが少なくない。

たしかに外国人労働者の場合は、現代日本人よりもよっぽど礼儀正しく、即戦力になる可能性が高いが、その反面、幾年か経ったあとは帰国してしまうのがデメリットであろうか。

一方、ノウフクの場合は戦力になるまで時間がかかることが多いけれども、仕事とのマッチングがよければ、永いことやりがいを抱きながら、働いてくださる傾向にある。

とにもかくにも、最初は大きくシンプルに農業を分けるとよい。

例えば、ニンジンとカブを作付けしていたのなら、単純にニンジン畑は農家が担い、カブ畑は福祉が担える可能性をまず模索してもよいのではないか。

もちろん最初からカブ畑を福祉に全て任せてもうまくはいかない。

しかし、福祉が最終的に農業のどの部分を担えれば、そのノウフクは持続可能的になっていくのかという目星をつけておくことは、非常に大切になってくる。つまり、

何のためにノウフクをやっていくのか

という問いに対して、即答できるようにしておかなければならない。ノウフク自体が多様なので、もちろん多様な目的があってよいが、きちんと行くべき方向を言語化しておいていただきたい。

さて、福祉に単独でカブ畑を任せるのは難しいと判断したのであれば、今度は「カブの農作業」を細

農業
↓
カブの農作業
↓
？

分化していくことになる。ワケルとワカルのであったのだから、わからなければ、**適切に分けてしまって、難易度を下げていけばよい**。

　すると、カブの農作業は大きく「生産」と「出荷調整」に分けられるかもしれない。「生産」とは、畑づくりをし、カブの種をまき、育ったカブを収穫するところまでを指す。一方、「出荷調整」はその収穫されたカブの泥や下葉を落とし、きれいに袋詰めしていく作業である。

　このように細分化しておけば、農家がカブの「生産」までは全てやり、福祉はそのカブの「出荷調整」を担っていただくという分け方もできそうではないか。「農業」から「農作業」へと細分化していく際も、

カブの農作業を「生産」と「出荷調整」に大きく分ける

いきなりカブの播種（種まき）をノウフクでできる可能性などを考えてはいけない。それは、抽象的なものから具体的なものへと順番に分けていく過程の中で考慮すべきことである。

もし、福祉が出荷調整を全て担えるようになったのなら、農家はより生産に集中できるようになる。もちろん最初は支援者と相談しながら、当事者が働けるような環境づくりや工夫を幾度も重ねていかなければならないものの、多忙な農家に時間的な余裕ができるというのは、経営面から見ても、画期的なことだ。

ただ、やはり福祉にカブの「出荷調整」を全て委託するのは、時間を要する。そこで、さらに「出荷調整」を分けて、当事者が適切に活躍できる仕事を切り出していくのである。

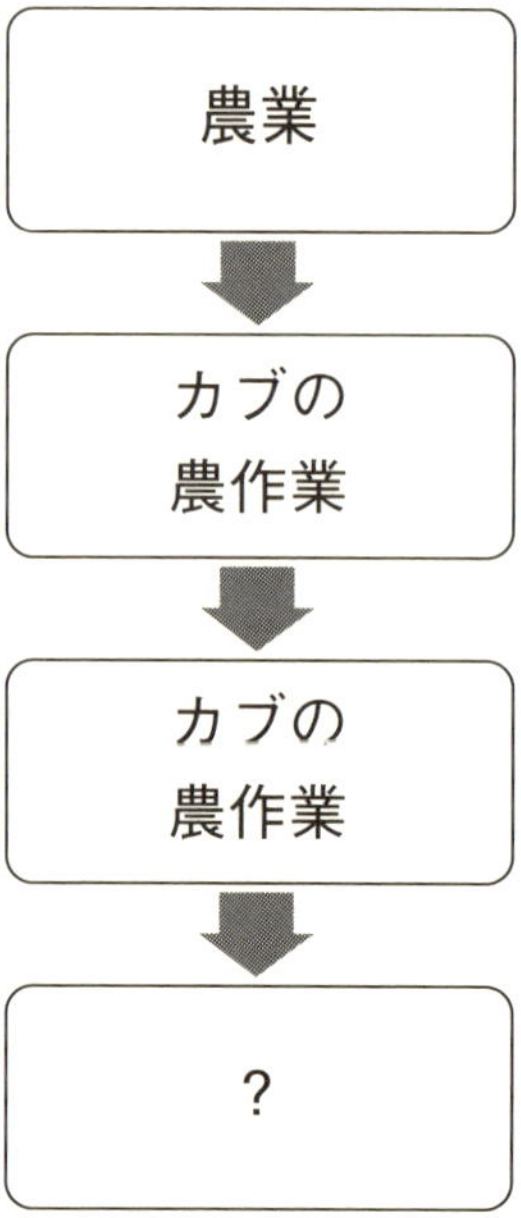

農業

↓

カブの
農作業

↓

カブの
農作業

↓

？

農業に限らず、**物事を抽象度の高い大きなものから順に細分化していく方法**は、ぜひ身につけていただきたい。細分化を繰り返していけば、物事の難易度は徐々に下がってくる。

当事者が安全に安心して働ける農作業まで、細分化を繰り返していけばよいということである。

「農作業」の細分化

カブの出荷調整の続きからいこう。

繰り返すが、福祉にカブの出荷調整を任せると決めても、すぐに現場を任せられるわけではない。当事者が安全に安心して働けられるよう配慮しながら、出荷調整をさらに分けていかなければならなかった。したがって、カブの出荷調整という農作業もさらに細分化し、**二つか三つの「工程」へと分けていく**必要が出てくる。

カブの出荷調整を「工程」に分ける

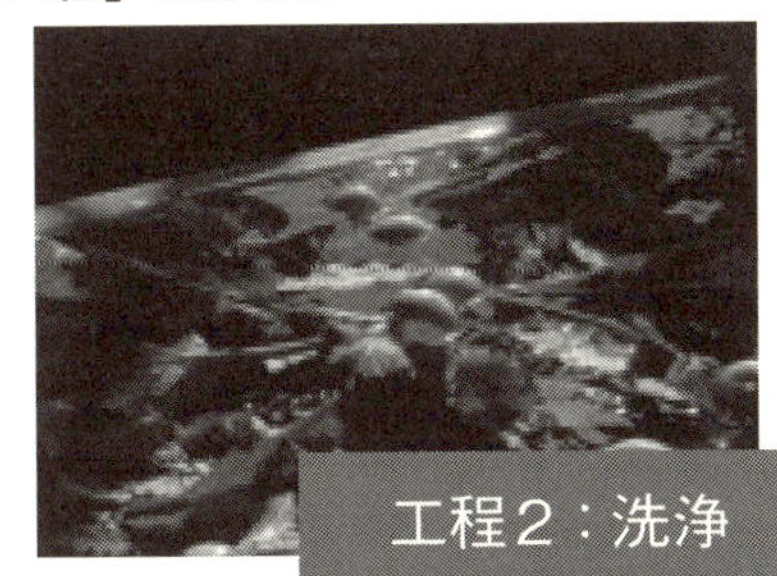

例えば、カブの出荷調整の中には、「下葉処理」という工程が入ることが多い。「下葉処理」は、黄色くなった葉や枯れた葉を手でむしっていく工程になる。また、その「下葉処理」が終わったカブを「洗浄」するという工程も通常行われる。「洗浄」されたカブは、大小や品質を基準として「選別」される。そして、最後は「箱詰め」や「袋詰め」の工程を経て、出荷されていくのが一般的だ。

これでも、ざっくり「出荷調整」を分けたつもりだが、「下葉処理」「洗浄」「選別」「箱詰め」の四つある。**細分化は「二つか三つに分ける」のがルール**であったから、ここからさらに絞って、福祉にやっていただける可能性を模索していく必要が出てこよう。

ところで、ここまで細分化を深めてくると、ようやく当事者が実際に農作業をしているイメージがわいてこないだろうか。**細分化の繰り返しが、当事者の働ける可能性を切り拓いた**のである。

例えば、工程1の「下葉処理」は当事者が担当し、工程2の「洗浄」は機械化してしまって、工程3の「選別」はパート社員で行い、最後の工程4の「箱詰め」は外国人に任せるといったパターンも考えられる。

このように工程ごとの役割を決めていくことを**作業割当て**という。ノウフクが機能している現場は、やはりこの細分化がうまい。

すなわち、**分けた工程の難易度と当事者の特性が適切な関係にある**ということになる。

最初の段階で大切なのは、全ての農作業や工程をノウフクでしようと欲張らないことである。気持ちはわかるが、たとえ当事者が四名いたとしても、各工程に一名ずつといった配置にしないで、その四名で工程のひとつである「下葉処理」のみを行っていただくといった考え方のほうが機能する。

工程数はワーキングメモリとも関連している。

例えば、知的障害の特性として見られる傾向にあるが、ワーキングメモリの容量が小さい場合、処理できる工程数も限られてくる。

ワーキングメモリの容量を越えた工程数を割当ててしまえば、必然的に工程を飛ばす、順序を間違えるといったミスも目立つようになってしまう。

また、どの工程に福祉の力を借りるかという判断は、主に「難易度」を基準にして、まず考えたほうがよい。

工程1の「下葉処理」と工程2の「洗浄」を比べると、どちらが当事者にとって難しいだろうか。

このように各工程の難易度を分析していくことを、**難易度評価**という。

詳しくは後述するが、当事者にとっての働きやすさを考えながら、細分化すべき農作業に目星をつけていく練習はしていって欲しい。

要は推論して、仮説を立てるのだ。

このような方法を**アブダクション**という。

アブダクションを行うためには、**おためしノウフク**など、当事者がトライアルで農業をする機会が必須になる。なぜなら、実際に当事者がある工程を作業している姿を見て、そこからノウフクがうまく機能していく仮説を立てていくからである。

新しいものは等しく現場の感覚からやってくる。知性よりも先に感覚が必ず働く。

近代になって、異様に知性だけが評価されるようになってしまったが、ノウフクの場合は頭だけで考えようとせず、必ず関係者と共に足を運び、そこから生じる互いの感覚を信じていただきたい。

感覚を知性で否定しないこと。

そして、その感覚も皆で共有していくことだ。

さて、スマート農業という言葉が一般的になるほど、農業においてもＡＩ化や機械化が当たり前になってきた。このような流れの中で、福祉の仕事が機械によって減らされるのではないかという懸念を時折、耳にする。しかし、実際は**機械を導入することによって、福祉が参入する機会が増える**場合が多い。

先ほどの「洗浄」の工程を機械化し、カブ専用の洗浄機を導入した場合で考えてみようか。

もし洗浄機がなかったら、本来はタワシでまんべんなくカブをきれいにする工程であったであろう。しかし、この方法では、きちんと泥がとれたか等の確認をしながら延々と手でカブをきれいにしていかなければならず、仕事ができる当事者が限られてしまう可能性が高い。タワシで長時間、洗浄するのだから、体力的な余裕も求められる。

一方、**洗浄機がある場合は、この工程の難易度がかなり下がる**。

なぜなら、洗浄機にカブの向きを揃えて入れられさえすれば、洗浄ができるからだ。これなら重度の障害をお持ちの当事者も活躍できる可能性が高くなるのではないか。

たしかに機械化は人間の働き方を変えてきた。福祉に限らず、多くの仕事を人から奪ってきたという見方もできるかもしれない。

しかし、農業においては、大概、その機械に農作物を入れる人を要する。こう考えると、農業の機械化と福祉化も共生ができるのではないだろうか。

当事者にわかりやすいように作業細分化を心がけていく。

これがノウフクを始める上での第一歩である。

適切な作業細分化ができるようになれば、どこの工程を機械化し、どこの工程をノウフクに任せるべきなのかが、おのずと見えてくる。

そして、当事者が安心して安全に働ける現場になったなら、外国人や高齢者等、多様な方々が活躍できる場となる**ユニバーサル農園**にするといった選択肢も増えてくるのである。

「工程」の細分化

一連の農作業の中で、行動の目的や動作が変わる場面のひとつひとつが工程であった。だいぶ細かく細分化してきたものである。

作業細分化は、大きいものから小さいものへという手順で行うのがルールであったから、わからなかったら、わかるまで分けていただきたい。

したがって、作業細分化をして、いくつかの工程に分けたとしても、まだ**当事者がわかりにくそうであったなら、さらに工程を分けていく必要**が出てくる。

例えば、カブの「下葉処理」の工程が苦手な当事者がいらしたら、やはりその工程をさらに分けて考えればよい。

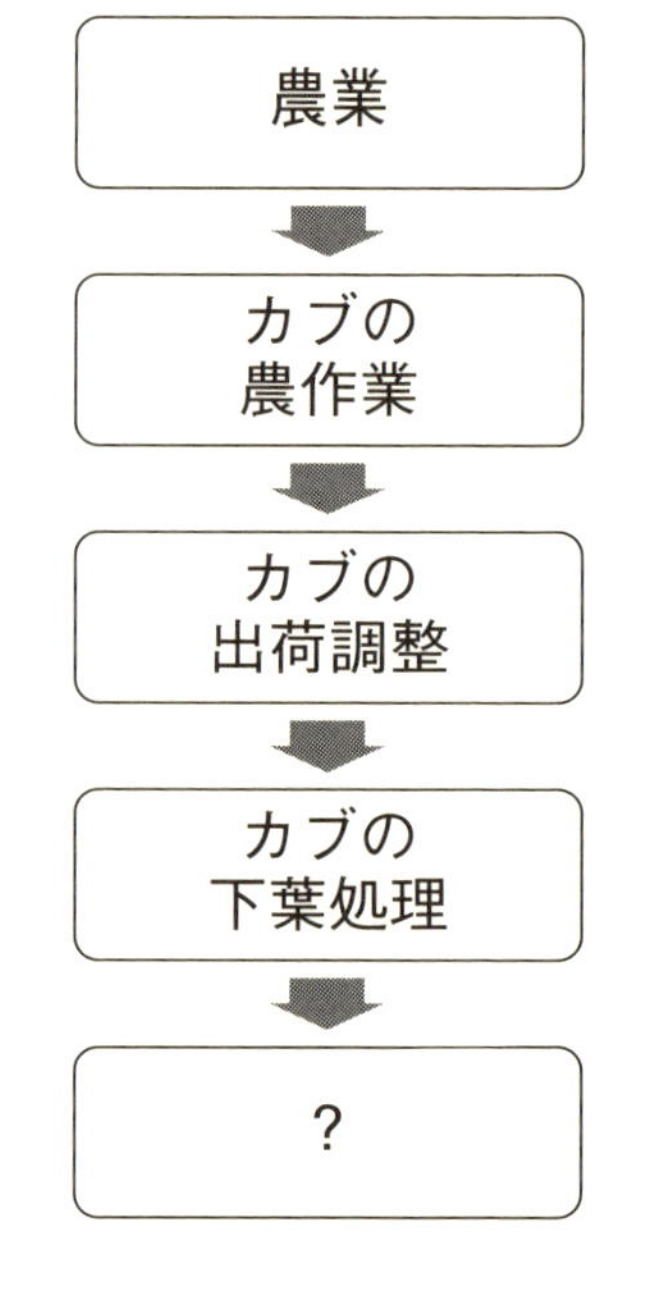

カブの「下葉処理」は収穫したカブをきれいにする工程になる。カブには下葉といって、黄色くなった葉や枯れて茶色くなった葉が大概ある。基本的には、外側から劣化していくので、カブの外側にある葉を数枚とるのが、この工程の主な動きである。

つまり、この工程は次のように分けられるのではないか。

1、カブを回しながら、下葉を見つける。

2、その下葉を指先でむしってとる。

3、とった下葉を捨てる。

このように工程を細分化することによって、その当事者が作業をする上で、**どこがネックになってい**

るか、仮説が立てやすくなる。

ネックが１の「カブを回しながら、下葉を見つける」であったなら、どれが下葉なのかを判断する訓練あるいは認知的な支援が必要であろうし、２の「その下葉を指先でむしってとる」であったなら、「むく」という動作の訓練あるいは運動的支援が必要な可能性が高い。

３の「とった下葉を捨てる」で悩んでいそうなら、そもそも下葉を捨ててよいのかどうかがわからないのかもしれないし、どこに捨ててよいかルールが共有されていない場合もあるであろう。ここでつまずいていたのなら、ルールを確認するだけで、当事者は安心して下葉処理の作業を続けていくことができる。

いずれにせよ、**工程を細分化したからこそ、課題が見えてきた**ことを理解されたい。農作業を細分化すればするほど、その難易度は下がるようにできているのである。

ところで、「下葉を見つける」作業と「下葉をむしる」作業とでは、求められる能力が異なっているのに、お気付きだろうか。

「下葉を見つける」というのは、判断の領域に入るのに対し、「下葉をとる」というのは、動作の領域に入る。慣れてくると、下葉処理は「下葉を見つける作業」と「下葉をとる作業」を同時に行うようになってくるが、スローモーションで分けるならば、カブを回しながら、とるべき下葉を確認した後に、その下葉をむしりとるといった手順であろう。

ノウフクの課題になりやすいのは、**前者の「とるべき下葉を見つける」といった判断が求められる作業**になる。他にも、判断が必要とされる農作業は多くあるが、この判断を苦手とする当事者は少なくない。

また、判断を要する作業というのは、作業細分化した工程と工程のあいだ、あるいは動作と動作のあいだに出やすい。

したがって、細分化した工程や作業のあいだの架け橋となれるような工夫が、技術支援者には求められるのである。あいだの編集がうまければ、当事者が安全に安心して働ける環境へとより近づいていけるのである。

先ほどの「どれが下葉か選ぶ」判断も、「カブをとる」動作と「カブを回す」動作のあいだにまず行われる。

ここの判断がネックとなって、カブの下葉どりが効率的でないパターンも多いであろう。あるいは、「きちんと下葉をとりきった」という判断も、「下葉をむく」動作と「下葉をむいたカブを置く」動作のあいだに起こり得る。

とにもかくにも、ここが工夫できるか否かで、ノウフクの持続可能性が決まると言っても過言ではない。

しかし、**このような判断は工程には入れない**。研修では、**純粋に可視化できる農作業中の動きを対象として、農作業を細分化していく**。したがって、この判断を工程ではなく、条件として分類していくこととなる。詳細は、「条件数」にて後述する。動作と判断は分けて考えていただきたい。

「とるべき下葉を見つける」といった判断

「場」の細分化

本書でお伝えしたいことは、「ワケルとワカル」であった。

細分化することによって、皆がわかりやすくなる物事は少なくない。

ここまでは「農業」を抽象的なものから具体的なものへと細分化してきた。農業が農作業に、農作業が工程に、工程がより細かな動作へと分けられたのである。

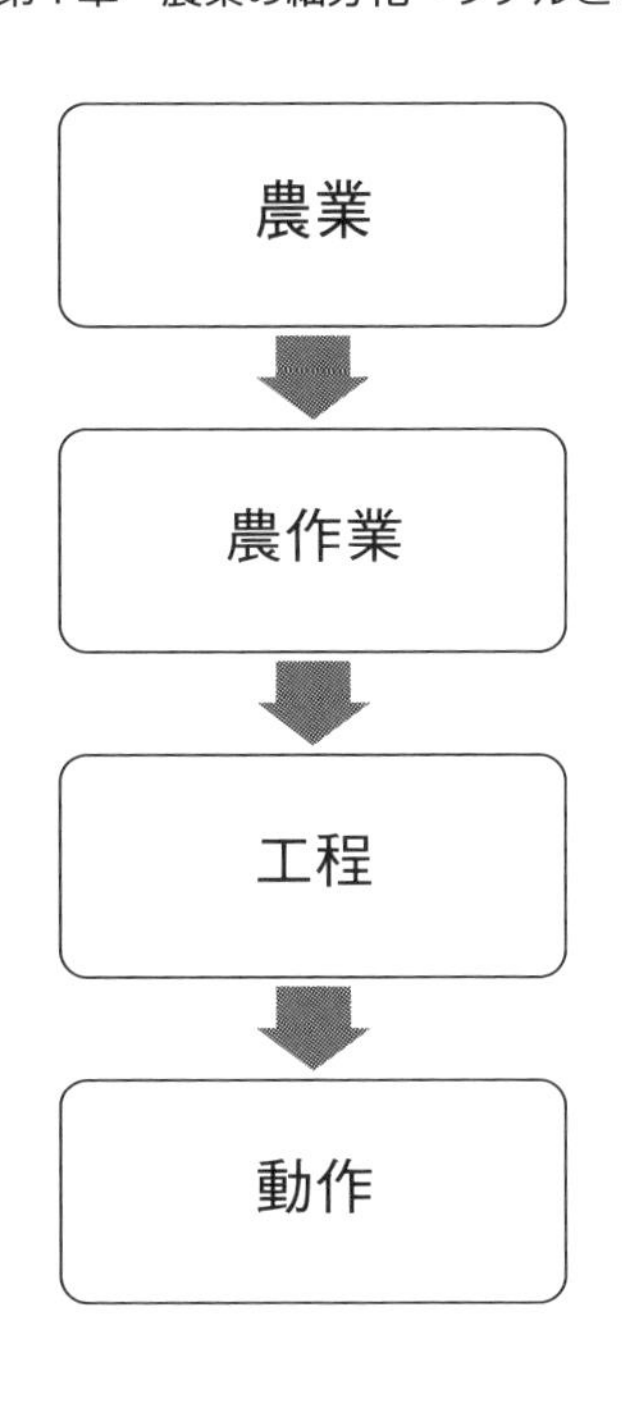

しかし、細分化において最もイメージの共有をしやすいのが、「場」の細分化になる。ノウフクであったなら、「畑」を中心とした圃場の細分化であろう。

ギリシア語で「場」はトポス（topos）という。

ここから派生して、トピック（topic）、すなわち、話題やテーマが生まれた。つまり、**圃場とはテーマが見える化された空間**として扱うこともできるわけである。

実際に、畑が分けられていれば、人はその場に物語を生み出しがちだ。誰が何の作物をどのように育てるのか。現場を眺めながら、細分化を進めていただければと思う。

例えば、鳥の目になったつもりで、空から畑を眺めれば、畑は二次元的な平面に捉えられよう。

二次元の畑のような平面を半分に分けるには、真ん中に直線を引くのが一般的である。急に当たり前の話を始めたと感じられるかもしれないが、**二次元の面を一次元の線で分けている**というのを改めて確認していただきたい。

そもそも次元とは動ける方向の数のことをいう。

点はどこにも動けないから、0次元。

線は前後にしか動けないから、一次元。

平面は縦と横にそれぞれ動けるから、二次元。

立体は縦横に上下といった高さも加えられるから、三次元になる。

つまり、線は点で分け、面は線で分け、立体は面で分けるのである。見方を変えれば、線の端は点であり、面の端は線であり、立体の端は面になるから、一次元は0次元に、二次元は一次元に、三次元は二次元に囲まれているのだ。

面を分ける

三次元のトレーラーハウスのような立体を半分に分けるには、パーテーションといった面を用意すればよい。

わからなかったら、細分化すればよい。

でも、その細分化の方法に迷ったときは、場の端に注目すると、ヒントが転がっていることが少なくない。端の形で場を分けてあげればよいからだ。

新しいことは等しく、端から始まる。

したがって、**新しいことを始める際も、物事の端に集注して感覚的に捉えるといったことをされるの**

立体を分ける

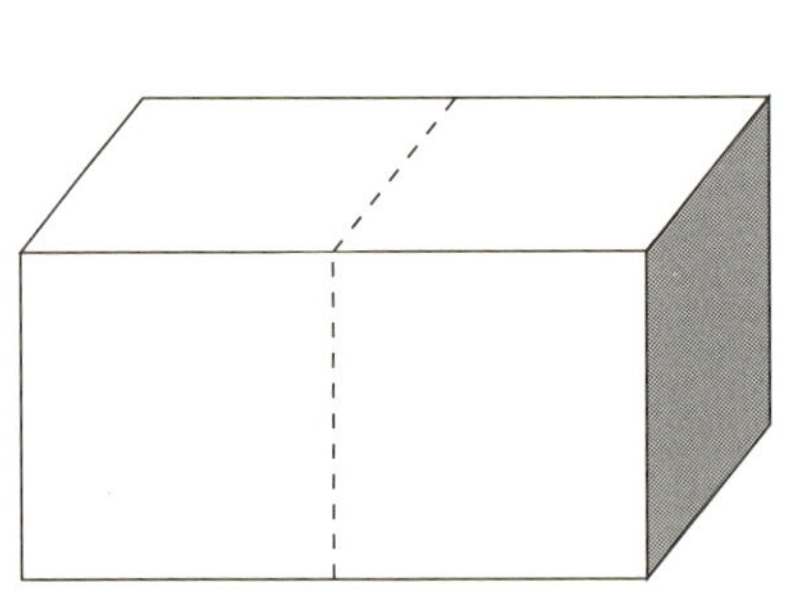

圃場はテーマが見える化された空間

が自然であろう。

ノウフクも決して農業の中心的な取り組みではない。

現時点では、いわば農業の端にあるフラジャイルな取り組みではあるが、それだからこそ、農業に新しい風を吹かせたいのであれば、ノウフクから始めるべきなのではないだろうか。

パターン化

水は英語でwaterであるが、通常、a waterという風に冠詞のaはつけることはできない。なぜなら、数えられない名詞（不可算名詞）だからである。

もし水を数えたければ、a glass of waterといったように、グラスに水を注げばよい。そうすれば、水を1杯、2杯と数えることができる。そして、何杯も同じグラスを用意したのなら、水を注ぐ作業も似た動きの繰り返しにすることができる。

このように同じ工程作業を繰り返しできるように

仕事を編むことを**パターン化**という。

お気付きのとおり、物事をパターン化するためには、グラスのような器、つまりは**境界**が必要となってくる。グラスがなければ、水そのものを個別にすることは難しいであろう。要は、水をグラスで細分化しているのである。専門的には、境界があることを有界的（bounded）といい、水のような境界がないものを非有界的（unbounded）という。

ちなみに英語における冠詞は、この境界の有無を表している。

冠詞をつけてa dogと言えば、もちろん一匹の犬のことを指すが、もしここに冠詞をつけ忘れて、ただdogとしたならば、それは肉屋に売られているような犬肉か、あるいは車に轢かれるなどして、液体化してしまった犬のような印象を受ける。

厭な気持ちにさせたかもしれないけれども、冠詞の有無は犬にとって死活問題なのが、おわかりいただけたら幸いだ。

閑話休題。

ノウフクにおいては、農作業のパターン化が推奨されている。

なぜなら、パターン化されたものは、似た作業を繰り返しすることができるため、作業も覚えやすく、正確性と効率性を両立した作業を当事者でも行える傾向にあるからだ。つまり、難易度が低い。

パターン化には境界が必須であるものの、作業細分化を行えば、必然的に境界は、分けたもの同士のあいだに生まれてくる。したがって、**作業細分化とパターン化は、実は表裏一体**である。

パターン化されていないということは、作業の分け方に偏りがある可能性が高い。先ほどの「水を注ぐ」作業であったなら、同じグラスに注いでいただけば、わかりやすいパターン化が形づくられるけれども、1杯目はグラスに水を、2杯目は水槽にお湯を、3杯目はジョウロに液肥をといった指示では、繰り返しの作業にならず、パターン化されているとは言い難い。

わかりやすいパターン化が生まれる作業細分化を心がけていただければと思う。

先ほど、カブの出荷調整における最初の工程に、

「下葉処理」を挙げたが、この工程の中できちんと次のようなパターン化がなされていたのなら、この作業細分化は機能していると考えてよいのではないだろうか。

　下葉処理の工程内では、右のような動作が繰り返されている。1でカブをとり、2と3でカブを回しながら、下葉を探す。2と3の順序は逆になったり、同時に行われたりすることもあるであろうが、この動作は1のあとに必ずやるであろう。3で下葉を見つけたならば、4でその下葉をとる。そして、最後の5で下葉処理が済んだカブとして、机に置かれるのである。

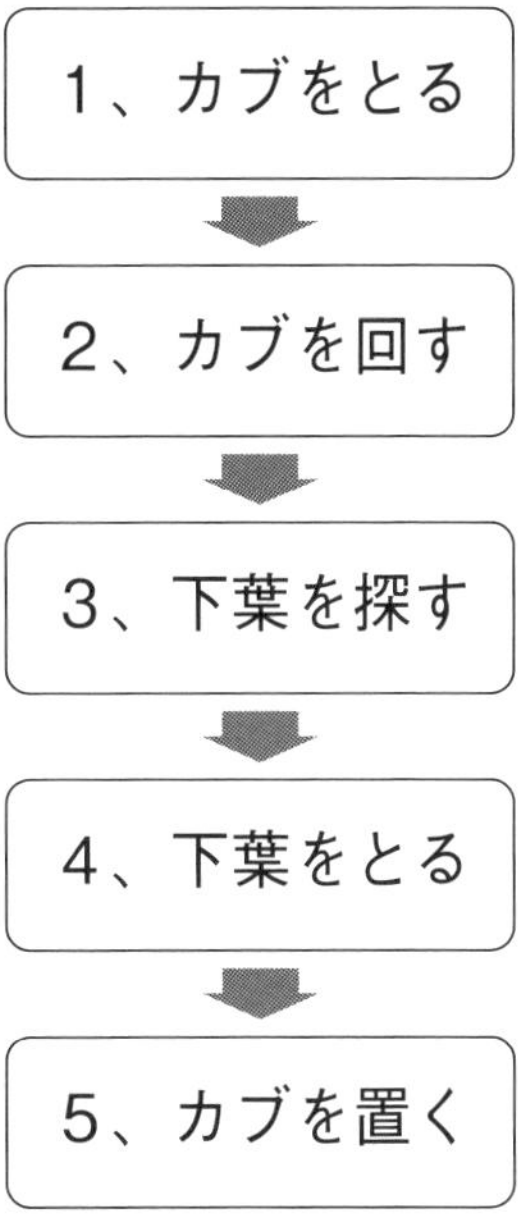

1、カブをとる

2、カブを回す

3、下葉を探す

4、下葉をとる

5、カブを置く

　この5の動作が終わったら、また1で新たなカブをとり、2のカブを回す動作へと進んでいくことを繰り返す。つまり、パターン化が始まったということなのだ。

　パターン化が機能しているかどうかは、作業で扱っているものの変化が繰り返しあるか否かを見るとよい。先ほどのカブであったなら、

下葉処理がされていないカブ
←
下葉処理を終えたカブ

といった変化が当然ながら見てとれるわけである。つまり、幾度も下葉未処理のカブが下葉処理済みのカブへと繰り返し変化しているのだ。

　また、その変化が**時間で測定可能**というのも、ぜひおさえていただきたい性質になる。

　カブの下葉処理は一般的に、農家であれば、一株5秒前後で処理をする。当事者もカブの季節に毎年、この下葉処理を行うのであれば、3年目くらいあた

りから、農家に近い時間で一株をむく。

そして、この5秒を1分間続けたなら、単純計算で12株のカブを処理すると予測することができる。1時間では、720株であろう。

要は、5秒という作業時間の繰り返しがそこには流れているのである。

むろん、最初から一株を5秒で下葉処理する当事者なんていない。下葉がどれかよくわからない方もいるだろう。すると、一株30秒くらいかけて下葉処理をされる場合も珍しくない。

しかし、この方が同じ30秒を繰り返し積み重ねていくことによって、徐々に下葉処理の正確性と効率性が良くなっていくのだ。

これがパターン化の効能である。

一方、パターン化しない作業においては、概してひとつひとつの作業のゴールが不明確なことが多い。例えば、
作業指示A：「30分でネギ畑の畝を一列除草してください」

作業指示B：「30分間、ネギ畑の除草をお願いします」

という作業指示は似ているようで、当事者の印象はまったく異なる。もちろん、作業指示Aのほうが、当事者にとっての難易度は下がる。なぜなら、作業指示Aはパターン化をイメージしやすいからだ。

休憩を挟んで、次の30分間も隣の一列を同じようにやればよいと自然に考えられるであろう。

対照的に、作業指示Bには、出来事的な境界が見当たらない。むろん、実際のネギ畑には境界があり、何列もの畝が並んでいるのであろうが、この作業指示だけで考えれば、どこか果てしなく広がるネギ畑を、30分間といえども、永遠と除草をしていかなければならない印象を受ける。

要は、30分「で」という時間の表現自体が、有界的に時間を分けているので、パターン化と相性がよいのに対し、30分「間」という表現は、非有界的でパターン化されにくい。

詳細は「作業割当て」に譲るが、作業指示の際は、時間も細分化して当事者に伝えていただきたい。

必要な動作

農作業において必要な動作には、主に次のようなものがある。

> つまむ・握る・持つ・放す・置く・差す・折る・曲げる・入れる・出す・引く・取る・むく・押す・押さえる・叩く・打つ・回す・振る・切る・刈る・結ぶ・ほどく・しばる・前屈・ひねる・伸ばす・広げる・掘る・ならす・耕す・歩く（前・横・後）・運ぶ・登る・降りる・積む・下ろす
>
> —農福連携技術支援者育成研修テキストより引用

これらは日常的によく使われる動作で、**手続き記憶**になっているものが多い。手続き記憶とは、自転車の運転や楽器の演奏等、**無意識にできる動作**のことをいう。

自転車の運転は最初、補助輪などをつけての練習を繰り返すことで、やがて大概の自転車は普通に運転できるようになっていく。同様なことは農作業にも起こり得る。

少し体験さえ積めば、農業体験のない当事者であっても、比較的取り組みやすい農作業は多い。また、福祉事業所や特別支援学校で似た作業体験を積むことで、それと近い農作業へ適応もしやすくなることが可能である。

作業細分化によりパターン化された工程を繰り返し体験していただくことで、やがて手続き記憶と結びつき、当事者の才能が花ひらいていくのである。

ところで、一般的に、意識は「意識（顕在意識）」と「無意識（潜在意識）」に分けられる。

端的に言えば、前者は言語的であり、後者は身体的である。次頁の図で示したように、顕在意識は潜在意識の氷山の一角でしかないと考えられている。つまり、私たちのほとんどは無意識的で、言語にも表せず、可視化もできないものばかりなのだ。

我が国における近代教育は、明治維新で西欧化して以来、言語で意識的に理解し、無意識の領域に落とし込む方法がとられてきた。要は、意識的な領域を目に見える光として、無意識的な闇の領域を照らそうとする啓蒙（enlightenment）である。

しかし、ノウフクの場合は、言語活動が苦手な当事者も多く、このティーチング的な手法と合わない方が多くいる。このような方には、黙々と身体を動かし、農作業を進めていける環境のほうが望ましいように見受けられる。

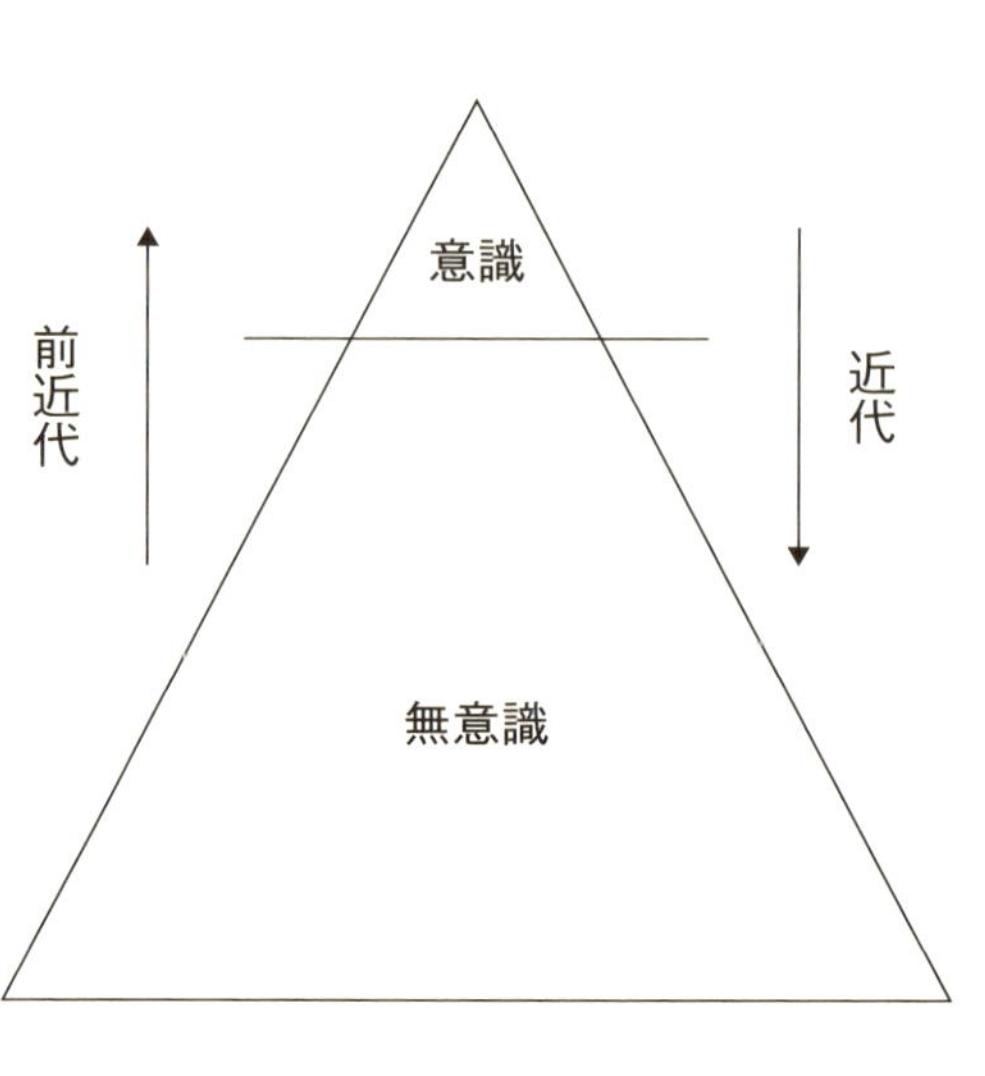

さらに、その農作業が適切にパターン化されていたのなら、**農作業そのものの動きが、当事者の育成につながる**可能性も高い。

実は、明治以前の日本は**言語による教育を一切信じていなかった**。

では、代わりに何が重視されていたかというと、**身体教育**になる。あるいは、**躾**と表現してもよいであろう。

躾と表現してしまうと、最近では体罰と同義に扱われてしまっており、ネガティブな印象を受ける方も少なくないのかもしれないが、本来は、まったく異なるものであった。

ここはわかりにくいから、細分化しておくと、日本の「身体」は文字どおり、「身」と「体」の二つに分けることができる。そして、こちらも文字どおりになってしまうが、「躾」は「身」を美しくすることであり、「体罰」は「体」に罰を与えることと考えるのが自然であろう。

端的に言えば、身が美しくなれば、物事と和合する深みが増すのに対し、体を鍛えると、物理的な強さが増すということである。どちらが良い悪いというのではなく、目指している方向性が違う。

身体
身（文化的カラダ）
体（解剖学的カラダ）

「躾」は国字という日本で発明された漢字になる。中国には、このような漢字はない。おそらく中国では「教育」あたりで訳されることが多いのではないか。

しかし、躾は近代の教育とはまったく異なり、「身だけ美しければよし」とする前近代的な哲学が背景にある。ある花を見て、その花を我が身のように感じ、共に儚いと感じる世界観に近い。

本書では、ノウフク成功の可否を最も握るのが、躾だと論を展開していく。なぜなら、**相手を我が身のように感じ、自分もまた親身に想われ、相互になじんでいかなければ、持続可能的な連携はあり得ないからである。**

ときに、体を鍛えるといった強さも求められる場面が、農業にはあるが、強さだけでは結局、相手を操作したり、支配したりするといった願望につながる可能性も否めない。

そうではなくて、「和を以て貴しと為す」ではないが、多様な者同士が互いに和合していく過程に、ノウフクの醍醐味があるのではないだろうか（詳細は、第2章に譲る）。

さて、話を戻そう。

動作というのは、人間の意志でもって、行われているという一般的な考えがある一方、農作業に必要な動作は、道具や農作物がその動作を人にさせているという見方もできる。

このような視点を**アフォーダンス（affordance）**という。

英語のアフォード（afford）は「与える」という意味だから、道具や農作物が人にその動作を与えているという発想である。

先ほど、最初に「つまむ」と「握る」を挙げたが、小さな種を扱う作業の場合は、やはり種は「つまむ」ものであろう。小さな種を「握る」とは言わない。この場合は、種の小さささが指先を使う「つまむ」という動作を導いている。

また、草刈機を「握る」とは言うかもしれないが、草刈機を「つまむ」とはあまり言えない。刃が回っている草刈機をつままれても、危なくて仕方がない。こちらも、草刈機の柄の部分が「つまむ」ではなく、「握る」形状をしているから、「握る」動作を誘発しているとも考えられる。

つまり、**環境が人の動作を生んでいる側面があるのだ。**

リンゴの収穫では、脚立を使って作業が行われることが多い。

もちろん、身長よりも高い箇所のリンゴを収穫するために、脚立という坂でも使える梯子が発明されたのであろうが、見方を変えればリンゴの樹高が、人に脚立を「上り」、リンゴを「とる」という動作を与えていると見ることもできる。

そこで、そこまで樹高がないリンゴの品種に変えたなら、脚立を用いずにリンゴを「とる」という動作だけになる。

脚立を「上る」あるいは、脚立の上で「立つ」という動作がなくなり、リンゴを「とる」という動作だけになったのだから、当然、当事者にとっての作業難易度は下がるであろう。

アフォーダンス的に見れば、リンゴの樹高が収穫の難易度を変えていると捉えることもできる。

全ての人にとって使いやすく、できるだけ多くの方々が利用可能であるように意匠する**ユニバーサルデザイン**もまた、アフォーダンスの一種と言えよう。

ユニバーサルデザインが提唱されたのは、一九八〇年代のアメリカだと言われている。ノースカロライナ州立大学のロナルド・メイス教授が、障害をお持ちの方々の不便を解消するために特別な行動を起こすことは、障害のある人とない人のあいだに壁をつくってしまうと危惧し、はじめから全ての人にとって使いやすいデザインを研究したのがきっかけである。

そのユニバーサルデザインの原則とされているものは、次の七つになる。

- 公平な利用
- 利用における柔軟性
- 単純で直感的な利用
- 認知できる情報
- 失敗に対する寛大さ
- 少ない身体的な努力
- 接近や利用のためのサイズと空間

いずれも圃場に活かすことができそうな視点ではないだろうか。

ユニバーサルデザインが配慮された環境では、当事者も自然体で作業を進めることができる可能性が高い。その第一歩として、適切な作業細分化を行い、その工程に必要な動作がなるべく手続き記憶に収められていそうな動きに近い編集を心がけていただきたい。

作業細分化はその環境を整えていく方法でもある。したがって、必然的に作業細分化によって、当事者の動作が決定される場面も少なくない。その意味でも、作業細分化の技法を磨いていくことは、支援者にとっても、当事者にとっても重要なことである。

文化の定義は容易ではないものの、少なくとも日本文化の場合は、身体と言い切ってよい側面がある。農業から文化がなくなりつつある時代であるけれども、ノウフクがきっかけで、その身体の記憶が蘇るのであれば、農文化もまた浮かび上がってくるのではないだろうか。

難易度評価

作業細分化で分けた工程の難易度を数値化していくことを**難易度評価**という。

難易度評価で最も大切なのは、**基準の共有**になる。基準がチームで一致していないと、評価がチグハグになってきてしまうからだ。

例えば、以下の運搬作業において、運搬Aと運搬Bはどちらが当事者にとって難しいだろうか。

「道具」を基準に難易度評価をするのなら、運搬Aのほうが難しいと分析できるし、「両手の使用」を基準とするのなら、運搬Bのほうが難しいと考えられるかもしれない。それこそ多様な意見が出てくるであろう。

運搬の例・難易度評価

道具のバランス感覚が求められる運搬

頭上のバランス感覚が求められる運搬

写真は左右ともにUnsplashより引用

つまり、**基準が揃わなければ、難易度の議論ができない**のだ。

個人的に難易度評価をするのは、誰にだってできる。

ただ「簡単な作業」あるいは「難しい作業」と感じたものを記録すればよいのだから。しかし、この難易度評価を他の関係者と同じにするというのは、それこそ難易度の高い話になってくる。

そこで研修では、**「巧緻性」と「注意配分数」を両輪とした基準で統一する**ことを勧めている。いずれも聞き慣れない言葉であるが、難易度評価において、重要な基準である。

同じ工程であっても、その見方が異なれば、当然その難易度も異なることは、上の運搬Aと運搬Bで見てきた。逆に言えば、**基準さえ揃えてしまえば、理論的には、どなたが農作業を分析しても、同じ質の支援を提供することが可能である。**

その第一の基準は、**「巧緻性」**になる。

「巧緻性」は、手足を含む身体を作業環境に適応させて、どれだけ器用に行えるかを指す。つまり、身体の動きの器用さのことである。

そして第二の基準は、**「最多注意配分数」**になる。

こちらも聞き慣れない言葉であり、後述するが、文字どおり、注意すべき事項が多いと、難易度は高くなる。**注意を払うべき道具の数**が多ければ、自然と注意配分数も高くなる傾向になる。つまり、「難しい作業」と分析できる。

ノウフクにおいては、この視点が肝要になる。

なぜなら、変化を苦手とする当事者は少なからずいるからだ。ある支援者が簡単な作業だから当事者に託したのに、翌日の現場では、別の支援者が同じ作業を難しいと判断し、他の方に託したとなれば、当事者は混乱してしまう。特性によっては、これが非常なストレスになることもあろう。

基準を適切に揃えることができ、細分化された作業の難易度を誰もが納得できる形で評価することが、「難易度評価」の目的になる。

まとめると、「作業姿勢」「両手の使用」などを考察した後、難易度評価の両翼となる「巧緻性」と「注意配分数」を扱い、最後に**難易度分類表**の作成方法をお伝えする。

難易度分類表とは、横軸に巧緻性をとり、縦軸に注意配分数をとって、農作業自体の難易度を立体化した表のことである。

もちろん実際の現場は、当事者の特性によっても、作業の難易度は微妙に異なってくる。しかし、これでは話が複雑になってしまい、関係者同士の基準が揃いにくいため、**まずは純粋に各々の農作業のみを分析**していただきたい。

例えば、先ほどの運搬Bを片腕が不自由な当事者が行う場合、条件が異なってくるため、運搬の難易度が高くなることが予想されるが、このような場合は、「条件数」というものに含めて考えていく。

作業姿勢

農作業における姿勢は基本的に次のようなものがある。

難易度分類表イメージ

最多注意配分数＼巧緻性					
5					
4					
3					
2					
1					
最多注意配分数／巧緻性	1	2	3	4	5

- 立位（立つ）
- 座位（座る・しゃがむ）
- 膝立ち（両膝立ち・片膝立ち）
- 四つん這い
- 回旋位（ひねる）
- 前屈位（中腰になる）

——農福連携技術支援者育成研修テキストより引用

当事者が安心して安全に、かつ働きがいを感じながら仕事を進めていくためには、できる限り**立位や座位のように、負担の少ない姿勢を維持できる環境づくり**が必要となってくる。

また、同じ立位の姿勢をとって作業をしていたとしても、地下足袋で立つのと、長靴で立つのでは、作業負担度も異なってくる場合も少なくない。さらには、出荷調整所のようなコンクリートに立ってする作業と、露地のような土の上に立ってする作業でも、やはり疲れ方が違ってこよう。

もちろん、細かい条件を考えてしまうと、難易度評価する際にキリがなくなってしまうから、普段は純粋に立位や前屈位などに分けるだけで充分である。しかし、よりよいユニバーサルデザインを考える上で、解剖学的に自然な作業姿勢は押さえておくと参考になる部分が少なくないため、ここでは体の構造と自然体の関係をいくつか共有しておきたい。

まず、立位は言うまでもなく、足裏を地につけて立つ姿勢をいう。

ただ足裏のどこに体重が乗っているかで、同じ立位でも、ずいぶん負担や疲労が変わってくるのは、解剖学的にも推測できる部分がある。

結論から述べると、**足裏の土踏まずに体重を乗せて立つ**のが最も自然体で、疲労も少ない。試しに土踏まずを十回程度軽く叩いてから立つと、重心が落ち、上半身が若干リラックスしたのを実感いただけると思う。重心が落ちるということは、どっしりとした印象を抱く姿勢ということである。

その証拠に、土踏まずを叩く前と叩いた後で、人

土踏まずに体重を乗せるのが自然体

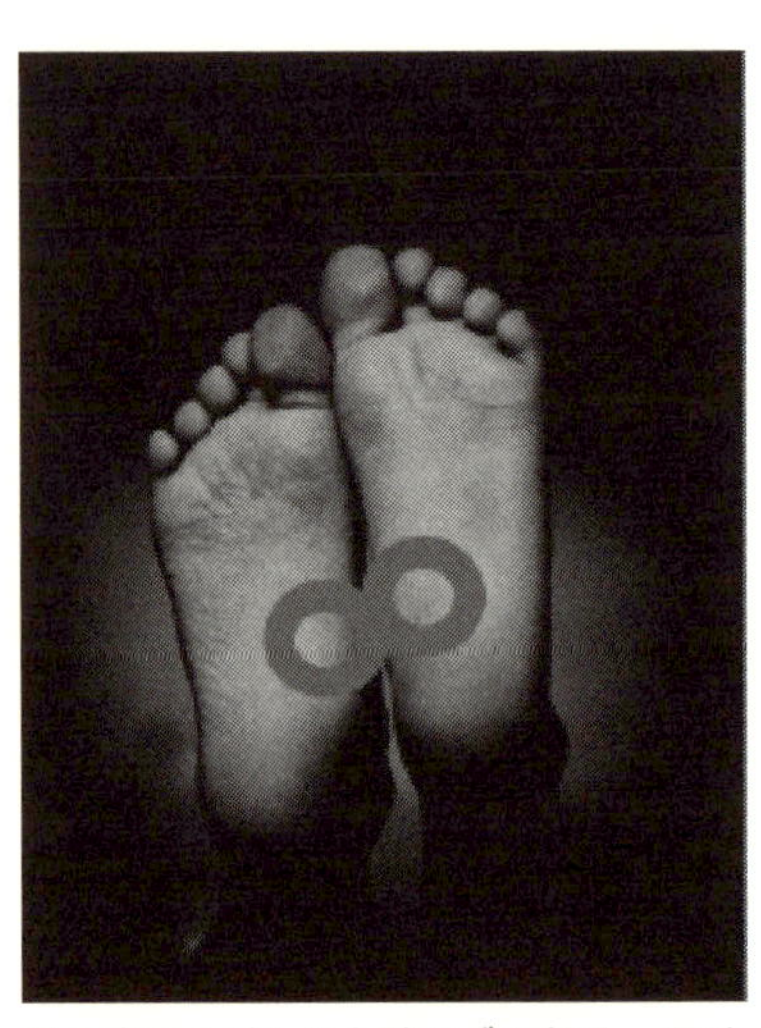

足の裏のくぼんだ土踏まずの部分。正確には、ややかかとよりの土踏まずで立つようにするとよい

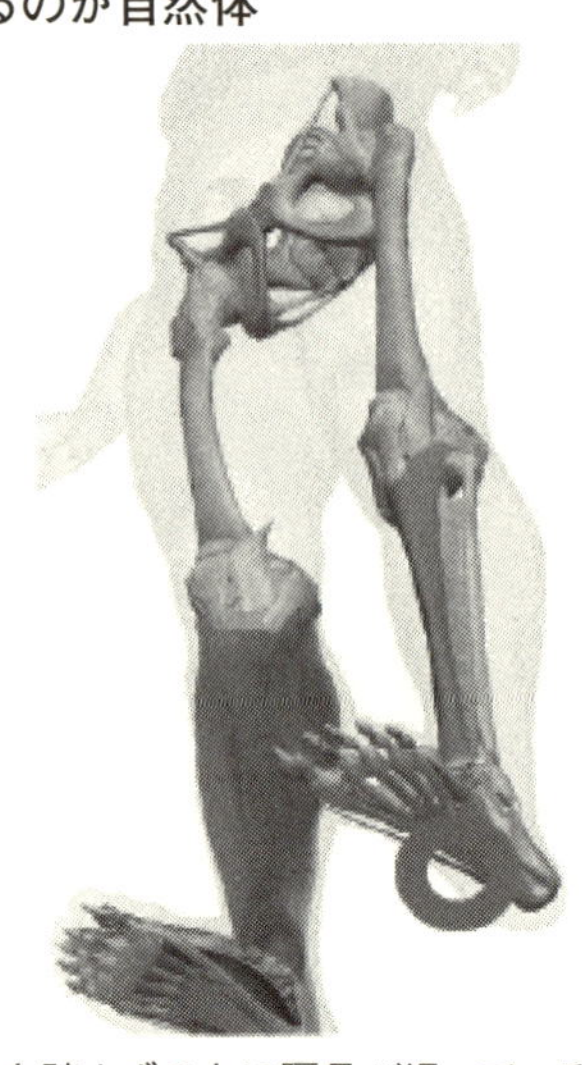

土踏まずの上に脛骨が通っている

引用：Atlas Visible Body

に持ち上げてもらうと、明らかに後者のほうが重く感じる。もちろん体重が変化しているわけがないので、感覚的な重さが変わったと解釈できる。すなわち、土踏まずに集注することで、体ではなく、身が移ろったのである。

このような状態を**上虚下実**（じょうきょかじつ）という。

なぜ、土踏まずに体重が乗るのが自然体で、負担が減るのかと言えば、土踏まずの上に脛骨（けいこつ）という太い骨がふくらはぎの内側に通っているからになる。

ふくらはぎには脛骨と腓骨（ひこつ）という二本の骨があるが、内側の脛骨は外側の腓骨よりも約四倍太い。この脛骨で立てれば、立位の負担は軽減される。逆に、外側の細い腓骨に体重が乗ってしまうと、体重を支え切れなくなり、その部分を周囲の筋肉が補助する形にならざるを得ない。すなわち、筋疲労が起こりやすくなってしまうのだ。

したがって、立位においては、いかに土踏まずに注意を払うように仕向けるかが工夫のしどころであろう。靴のインソール等のあり方も視野に入れながら、自然体で立てるようになっていただければ、幸

仙骨が反り返った状態だと立位の負担は軽減

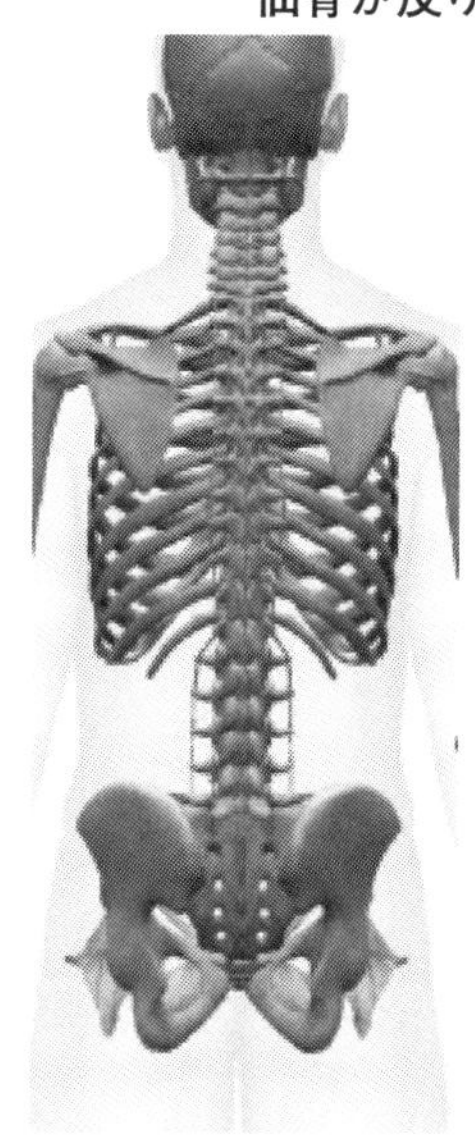

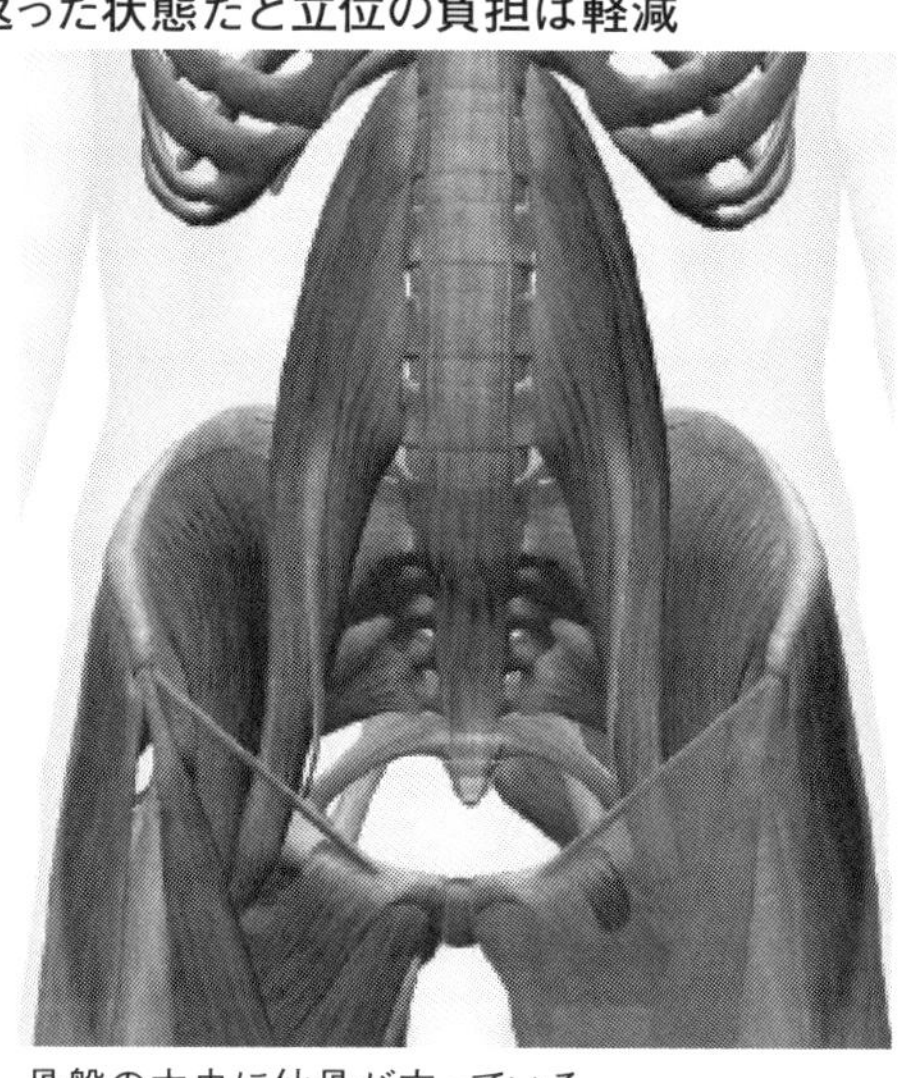

骨盤の中央に仙骨が立っている

引用：Atlas Visible Body

いである。

あとは、イメージで土踏まずの下に丸い球体をつくり、その上に乗るという稽古もなさるとよいかもしれない。

とにもかくにも、解剖学的には、脛骨で立つといった姿勢が最も負担が少ない。馬の脚にも昔は脛骨と腓骨があったそうであるが、進化の過程で今の馬には、脛骨しかない。腓骨がなくなったのである。

文字どおりに考えてみれば、土踏まずなんて土を踏まないところなのだから、正確にはそこに触れられる体はないのかもしれない。しかし、その物理的にない部分をイメージするのが肝要なのだ。あと、もうひとつだけ作業姿勢に大きく関与する骨を共有しておきたい。それは骨盤の中央に立っている**仙骨**（**薦骨**）である。英語では、sacrumといい、昔はholy bone（聖なる骨）と呼ばれていた。

お尻の上部を触ると骨があり、尾てい骨と勘違いされている方も少なくないが、それが仙骨になる。この仙骨が反り立った状態でいると、立位の負担は軽減する。逆に、犬がしっぽを丸めるように、仙骨を寝かせ固めてしまうと、同じ立位でも疲労感が出やすくなってしまうばかりでなく、人との付き合いも消極的になりがちだ。

仙骨は背骨の土台だけあって、体の要となる逆三角形の骨になる。

先ほどの土踏まずできちんと立つならば、基本的に仙骨も自然と立ち上がってくる。すると、感覚的には芯が身体の中央を貫くようになり、自然とメンタルも安定する。

したがって、仙骨という部分にやさしく触れるといった習慣は障害の有無に関係なく、持たれたほうがよい。可能であれば、仙骨が立った感覚も摑んでいただきたいが、まずは仙骨がどこにあり、どのような感覚が生じる骨なのかを体験されることが肝要である。

そして、仙骨に少し遊びができるとなお、よい。

人は立てるようになってくると、仙骨は固まってくる。むろん、固まってくれないと、直立歩行が難しくなるわけだが、固まり過ぎてしまっても、疲労の度合いが変わってきてしまう。

固まるとは、蝶々の形をした腸骨と仙骨のあいだにある仙腸関節が完全にロックしてしまった状態を指す。仙骨に触れたとき、左右に指をすべらしていくと、際にあたる。その縦に流れる左右の際こそ、仙腸関節になる。仙骨に触れられるようになったら、この仙腸関節にも触れて欲しい。意識がそこにいくだけで、フッと仙腸関節に若干の遊びができることがあるからだ。

仙腸関節が固まってしまうのは、日々の動作で仙骨が様々な角度をとりながら動くのが原因であろう。ふとした動作で、仙腸関節がロックされてしまう。そこで、仙骨を用いずに立位や座位をとっていく必要があるわけだが、この場合は達人の筋肉として名高い腸腰筋や大腰筋といったインナーマッスルを使って、運動するように心がけるとよい。なぜなら、このような深層筋は仙骨を通ることなく、太腿と腰を結んでいるからだ。これ以上、述べると趣旨が異なってくるので、農作業における運動のあり方は、別の機会に譲ることとする。

この機会にせめて脛骨と仙骨という名前を知って

いただけたのなら、幸いである。

作業負担度

作業負担度について紹介する。

作業姿勢が体に与える負担のことを作業負担度という。
作業負担度が大きければ、疲労を感じやすくなり、仕事の安全面や正確性、効率性に悪影響を与える傾向にある。作業負担度が小さいものから順に作業姿勢を並べると、次のようになる。
- 立位、座位―膝が床面についた姿勢
- 膝を軽く曲げ、上体を軽く前屈（〇度～三〇度）
- 膝を伸ばした中腰で上体を前屈
かかとをつけてしゃがんだ姿勢
膝を伸ばし、上体を軽く前屈（三〇度～四五度）
- 膝を伸ばした中腰で、深く上体を前屈
膝を曲げた中腰で、上体を前屈（四五度～九〇度）
- かかとを浮かせながら、膝を深く曲げた中腰で、上体を前屈

―農福連携技術支援者育成研修テキストより引用

なぜ左に近づけば近づくほど、作業負担度が増すかと言えば、単純に自然体から離れざるを得ないからになる。もちろん人は機械ではないから、客観的に似た姿勢をとっていたとしても、本人たちにとってはまったく異なる負担である場合は少なくない。しかしながら、**膝の曲げや前屈が負担度を上げる**傾向にあるというのは、意識して、環境づくりをされたほうがよい。

例えば、次頁の写真は膝を曲げ、45度以上の前屈をした状態でレタスの定植（植えつけ）をしている一場になるが、実際にやってみると、腰に負担がく

レタスの定植（著者）。膝を曲げた中腰で、上体を前屈（45度〜90度）

る作業である。疲労が少ないうちは、この姿勢のまま、横に移動し、効率よく定植を続けることができるが、疲労がたまるにつれて、時折、立位にもどし、腰を伸ばさないときつくなってくる。

しかし、同じ定植関連の作業でも、作業台を用いた場合は、膝を伸ばした中腰で、上体を前屈すれば作業できる可能性が高くなる。アフォーダンス的に考えれば、作業台の高さが立位の作業姿勢を生み、畝の低さが中腰かつ前屈の作業姿勢を強いていると見ることもできる。

作業負担度を小さくしながら、誰もが作業できる環境づくりの工夫はしつつも、どうしても作業負担度が大きい作業を当事者にやっていただかなければいけない場合は、疲労回復をはかるために休憩を頻繁にとったり、長時間とるといった配慮が必要である。

また、体力が心配な当事者の場合は、そのような作業負担度の大きいものをやっていただくのではなく、あらかじめ作業負担度の小さい作業を細分化し、切り出していくのも肝要であろう。

作業姿勢を決める作業台の高さ

なお、同じ作業台の高さであっても、当事者の身長によっても、作業負担度は変わることも配慮されたい。

両手の使用

手に限らず、体において二つあるものは、概して利きがある。

後述する目にも利き目があり、本書では扱わないが、肺にも利き肺がある。深呼吸していただいて、左右どちらの肺に空気が多く入るだろうか。利き肺は作業姿勢における回旋位と関連があり、つまりは、体をひねりやすい方向が決まる。

なぜ、このような偏りを身体はつくったのか。

おそらく左右が同じ役割を担うと考えるから、偏りとして映るだけであって、本来は左右別々の役割を担うものなのかもしれない。

さて、農業においても、両手の使用を要求される農作業は多い。

そして、両手を使うか否かもまた、難易度評価を考える上での基準となり得る。概して、両手を使った作業のほうが片手だけで行える作業よりも難しいと見る。また、同じ両手を使う作業においても、左右異なる動作を求められる作業のほうが難易度は高い。

この感覚は少し体を動かせば、簡単にわかることである。

例えば、ラジオ体操のように両腕で前回し、あるいは後ろ回しすることはそれほど難しくはない。ところが、右腕は前回し、左腕は後ろ回しで同時に動かそうした途端、この腕回しの動作はなかなか難しい動きになってしまう。

あるいは、自分ひとりでじゃんけんするのもよいだろう。

両手でグー・チョキ・パーと揃えて出していくことは容易だが、右手はグー・チョキ・パー、左手はチョキ・パー・グーの順で同時に出していくのは、かなり難易度が高い。

このような体験を踏まえていくと、両手の使用を基準とした難易度評価ができそうである。

研修では、次の5段階に分類しているのでご覧いただきたい。

1：利き手のみ使用する作業
2：片手のみの作業も可能だが、両手で行った方が能率がよい作業
3：両手を使い、一連の動作や左右対称の動作を行う作業
4：両手を使い、左右で異なる動作が必要だが、利き手でない方は押さえる・つまむなどの作業
5：両手を使い、左右で異なる動作が必要かつ、利き手でない方の手にも複雑な動作が必要な作業

—農福連携技術支援者育成研修テキストより引用

これだけではイメージしにくいであろうから、具

両手の使用が深まる運動

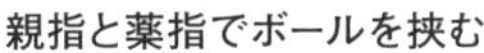
親指と薬指でボールを挟む

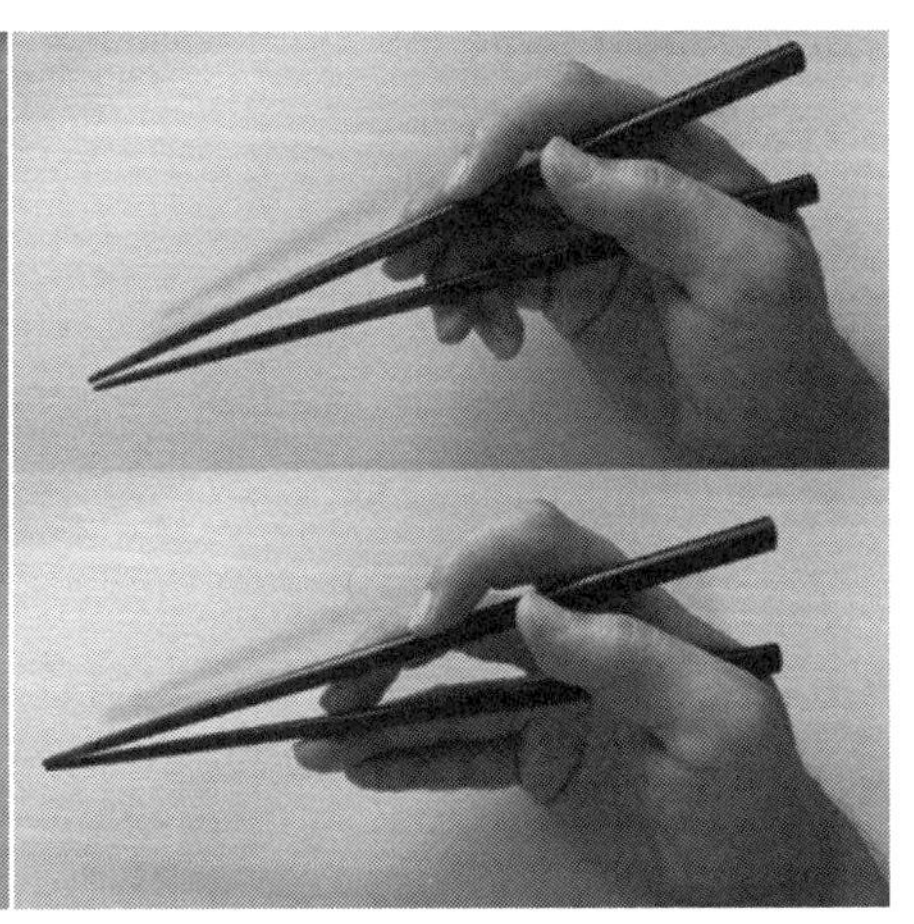
上下の写真とも正しく箸を持っているが、下は薬指を伸ばした状態である

体例も示しておこう。

> 1：種を入れるための穴あけ作業
> 2：カマを使った除草
> 3：刈込バサミを使った生垣の刈込
> 4：包丁を使ったハクサイの収穫
> 5：紐を結んでの誘引
>
> ―農福連携技術支援者育成研修テキストより引用

普段、右手と左手は無意識に協応して動いている。協応とは、それぞれの器官や部位が機能を発揮しながら、相互に調和させて動作をしていくことをいう。

簡単な例から挙げていくと、食事のときに口と手は協応動作をしていると考えられる。箸を持った手が食べ物を口に運んだ瞬間に口を開けなければ、うまく食べることはできない。

同様に、右利きの場合、箸を持つ右手と茶碗を持つ左手も無意識に協応している。

知的に障害をお持ちの当事者の中には、右手と左手の協応動作を苦手とする方がいるが、この場合は、54ページの「両手を使い、左右で異なる動作が必要だが、利き手でない方は押さえる・つまむなどの作業」が困難なように思われる。

ただ、協応動作がうまく機能する可能性が高まる運動はあるので、ここで紹介しておきたい。利き手と利き手でない差は、薬指の感覚にあることが多い。

例えば、前頁右の写真は上下とも正しく箸を持っている写真であるけれども、下の写真のほうが薬指を伸ばした状態で持っている。実は、ある程度の手の器用さがないと、薬指を伸ばして箸は持てない。

利き手できれいに薬指を伸ばして持てる方でも、利き手でないほうの手で同じように箸を持とうとしても、薬指が曲がってしまうことが多い。むろん、薬指が伸びていようが、曲がっていようが、箸の持ち方としては両方とも正しいから、問題はないのだけれども、できるならば、薬指を伸ばした状態で箸を持つことを心がけて欲しい。

では、どのように薬指の感覚を磨くかと言えば、今度は前頁左の写真のようにテニスボールを使って遊ぶ方法がある。

それは、親指と薬指だけでボールを挟み、パッと両方の指を放しては、手からボールが落ちないように、すぐにまた親指と薬指でボールを挟むのを繰り返す運動になる。瞬間的に放しては挟むのだから、ボールの向きが少しずつ変わっていく。

このような動きを遊びながらすることで、薬指の感覚が深まり、利き手でないほうの手で行えば、両利きに近づいていくことも少なくない。筋肉トレーニングとは異なるので、半ば遊びながら、気が向いたときにやっていただきたい。

巧緻性

いよいよ難易度評価をする上での両輪となる基準のうちのひとつに入っていく。まずは**巧緻性**（こうちせい）になる。**巧緻性とは、手足を含む身体を作業環境に適応させて、どれだけ器用に行えるかを指したものである。**

研修では、次の5段階に分類されている。

1：握る・つまむ・押さえる等、手や指の力加減があまり問題にならない作業
2：手や指の力加減が少し必要な作業
道具を使って比較的単純に切る・刈る・掘る・ならす・耕すなどの作業
3：植物の茎葉や花などを傷めずに扱うために、手指の動きや力加減が必要な作業
4：作業する植物部位に合わせて姿勢を変える必要がある作業
周囲の作物を傷めないよう上肢や下肢の動作が必要な作業
傷みやすい部位を傷付けない細かな手指の動きが必要な作業
畝立てのように上手な道具の扱いが必要な作業
5：歩行や移動など動きのある動作が必要な作業
姿勢のバランスを取りながら、上下肢・手指を使う作業
道具・機械を使う作業

—農福連携技術支援者育成研修テキストより引用

5段階の具体例も見ておこう。

1：手を使った除草
タマネギの収穫
2：大粒な種の播種
ハサミを使ったタマネギの調整
ジャガイモの定植
サツマイモの収穫
ミカンの収穫
カマを使った除草
ホースを使った灌水
3：小粒な種の播種
間引き
花がら摘み

トマトの収穫
ポット苗や鉢物の灌水
紐結び
4：スイカの受粉
カーネーションの摘芽
ブドウの袋かけ
生垣の剪定
畝立て
5：噴霧器による農薬散布
脚立を使った果樹の剪定・袋掛け・収穫
刈払機を用いた除草
チェーンソーの使用
歩行型耕耘機の操作

—農福連携技術支援者育成研修テキストより引用

巧緻性は聞き慣れない言葉だが、各評点と具体例を見比べながら、各作業に求められる**器用さ**を基準として、イメージを膨らませていって欲しい。

肝要なのは、多種多様な農作業のひとつひとつを全て正確に評価することではなく、**関係者やチームで基準を合わせ、難易度評価の目線を合わせること**である。そのためには、**実際に現場で行われている農作業を分析し、支援者同士で意見を出し合う機会が必要**である。もちろん、同じ巧緻性を基準にして分析しても、お互いの難易度評価が一致しないときも出よう。その際は、巧緻性の理解をチームでより深める機会と前向きに捉え、チームとしての難易度評価を決定し、共有すればよいだけのことである。

両手の使用のところで、薬指の感覚を軸とした器用さの話を述べたが、巧緻性においては、ますますその器用さがかかわってくる。

例えば､巧緻性2の具体例にあるミカンの収穫と、巧緻性3の具体例にあるトマトの収穫の違いは、作物自体の表面の軟らかさになる。アフォーダンス的に言えば、イチゴやトマトのように力を入れ過ぎてしまえば、たちまち潰れてしまいそうなフラジャイルさ（弱さ）が、巧緻性3のような手指の力加減を求めているといっても過言ではない。

つまり、**巧緻性が上がれば上がるほど、力を抜いて、正確に農作物や道具を扱う機会**が増えてくるのである。もっと言えば、**解剖学的な体の領域から文化的な身の領域**へと話題を移していかなければならないということだ。

まず、**力を抜くことで、かえって力が働く事柄が少なくない**ということを理解していこう。先ほどは利き手の話をしたから、その延長で、腕の話をしていきたい。

人の筋肉は、曲げるための屈筋と伸ばすための伸筋の二つに分けることができ、それは腕も例外ではない。

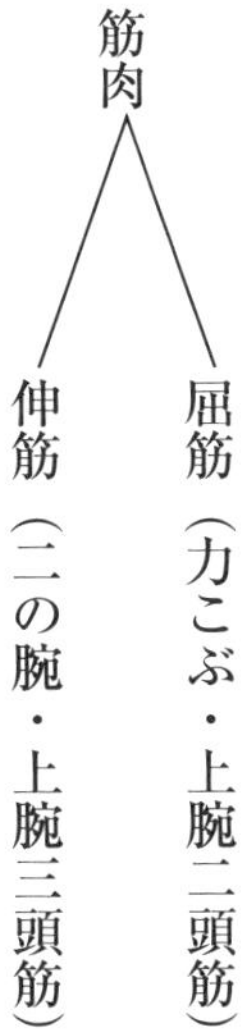

筋肉
- 屈筋（力こぶ・上腕二頭筋）
- 伸筋（二の腕・上腕三頭筋）

腕における屈筋は力こぶが出る上腕二頭筋で、腕を曲げる役割を担うのに対し、腕の伸筋は二の腕と呼ばれる上腕三頭筋で、腕を伸ばす役割を担っている。このように、屈筋と伸筋は基本的に対にならなければならない。なぜなら、もし屈筋しかなければ、一度、曲げてしまったものを伸ばすときに苦労するからだ。

さて、腕の場合、屈筋である上腕二頭筋は「引く」作業に向いているのに対し、伸筋である上腕三頭筋は「押す」作業に向いている。「曲げる」の延長上に「引く」があり、「伸ばす」の延長上に「押す」があるのは、そこはかとなくイメージしていただけるかもしれない。

しかし、ここで重要なのは、**伸筋の場合、力を抜いたほうが機能するということである。つまり、腕の力を抜き切ったならば、伸筋である上腕三頭筋がおのずと働き、腕は曲がりにくくなる。**

試しに腕の力を抜き切った状態で、人に腕を曲げてもらうとよい。力を抜くのが上手な方であれば、相手が真剣に曲げにきても曲がらない腕になっている。もちろん、こちらは一切、力を入れていないにもかかわらずだ。

おそらく、力を抜いたものの、あっさり曲がってしまった方もいるであろうから、話を続けよう。

ここまでは解剖学的な体の話をしてきた。

要は、体の構造に則った形で、筋肉の話をし、わかりやすく屈筋と伸筋に分けたに過ぎないが、ここからは文化的な身のアプローチをしながら、引き続き曲がらない腕を練っていきたい。つまり、体の構造から自由な身の使い方である。

先ほどは薬指を使ったから、今度は中指を用いようか。

まず腕を横にまっすぐ開いて、Tの字を全身でつくって欲しい。

このとき、左右どちらの腕が長く感じるだろうか。

物理的な長さであれば、大概の方がほぼ一緒であろう。

しかし、ここで尋ねたいのは、感覚的な長さのほうになる。

物理的にはほぼ等しいものでも、感覚的に左右の長さが異なると感じることは珍しくない。もちろん感覚的にも、左右同じ長さと感じるのであれば、それでもまったく問題ない。

ただ、感覚的に左右の腕の長さが等しいと感じた方は、どちらか片方の手のひらを返していただきたい。つまり、片方の腕は手の甲が上に向いており、もう片方の腕は手のひらが上に向いているということである。

この状態で、再度、左右の腕の長さの違いを感じ取ってもらいたい。経験的に、先ほどよりも腕の左右差を感じるほうが多くなる。

次にやることは、短いと感じたほうの腕を伸ばすことだ。

もちろん物理的に引っ張るのではなく、感覚的に伸ばす。

その際に用いるのが、中指である。

ここで、腕が短いと感じているほうの中指をどなたかに触れてもらう。しばらくすると、妙なことに、短かった腕が伸びていくような感覚に陥ってくる。中には、数メートルも伸びたような感覚を抱く方もいる。

そして、興味深いことに、その腕が伸びているという感覚は、中指に触れている相手も感じることができる。要は、中指を介して、互いになじんでくるのだ。

内で感じたものは、相手の内に伝わるということである。

たくわん漬けを発明した沢庵和尚は、この感覚的に伸びた情態のことを、「伸ハ神ナリ」と表現したが、この伸びた身の美しさこそ古きよき日本の躾が目指したものであった。

農作業においても、このような手指でトマトに触れたなら、これ以上は潰れるという感覚が伝わり、力加減が徐々にできるようになってくる。なぜなら、手指とトマトがなじんでいるからである。

先ほどは、握手を例に挙げて説明したが、なじむというのは互いの腕が我が身のように感じる情態のことであった。したがって、トマトが我が身のように感じられても、まったくおかしくはない。

むしろ自然の内に己を見て、人の内に自然を見る相互性こそ、我が国の農文化の源流であった。当然ながら、そこには**生命同士の共鳴**もあったであろう。その意味でも、巧緻性は非常に奥が深く、当事者と共に味わうべき基準である。

最多注意配分数

難易度評価において、もうひとつの両輪となる基準は、**最多注意配分数**になる。最多注意配分数とは、作業中、同時に向ける必要がある注意の対象数のことを指す。

こちらも聞き慣れない言葉であろうから、日常生活の例から考えてみよう。

まずは食事にしてみようか。

ご飯・味噌汁・たくわん漬けが並んでいる古きよき日本の食卓を想像して欲しい。無論、お箸は箸置きと共に置かれている。

このような食卓で、右利きでは左手に茶碗、右手にお箸を持ってご飯を食べる一場の最多注意配分数を考えていきたい。

まず、つい注意が向かう可能性があるものを挙げると、ご飯の入ったお茶碗、味噌汁の入ったお椀、

注意の対象がいくつかありそうな現場

たくわん漬けの入った小皿、お箸、箸置き、テーブルくらいであろうか。

この中から、左手にお茶碗、右手に箸を持ってご飯を食べる際に注意が向けられるものを探せばよい。すると、「お茶碗（左手）」と「お箸（右手）」の二つに注意を払うだろうと推論ができる。

したがって、この場合の最多注意配分数は2となる。

では、ノウフクにもどろう。

上の写真は実際のノウフクの現場になる。農家から支援者に援農型のノウフクで、この日は農家から支援者に「ミカンの袋詰め」を上の現場で指示されていた。

この中でまず、注意の対象となりそうなものに目星をつけていくわけだが、先ほどの食卓のように、まずは注意とかを考えずに、どのようなツールがあるか、全部挙げてみたい。

少なくとも、次のようなものがあるのではないか。

- ミカン
- 袋
- コンテナ（ミカンが入っている箱）

●バックシーラー（コンテナの奥に隠れている道具）
●パレット（作業台として用いている）
あとは写真の奥に、
●段ボール
●ハカリ
●バケツ
などもありそうである。

さて、農家から指示のあったミカンの袋詰め作業だけに、的を絞ろう。「コンテナからミカンをとって、袋に一つずつ入れていく」作業をイメージしていただきたい。

この作業中の最多注意配分数はいくつであろうか。

ここで先ほどのリストが役に立ってくる。

注意の対象となる可能性があるものは、
●ミカン
●袋
●コンテナ
●バックシーラー
●パレット
●段ボール
●ハカリ
●バケツ
であった。このうち、コンテナからミカンをとって、袋にひとつ入れる作業で、注意の対象となり得るものは、ミカン・袋・コンテナであろう。

ただ、一連の流れの中での作業でわかりにくいかもしれないが、この作業は次のように細分化できる。

コンテナからミカンをとる
とったミカンを袋に入れる

このように分けた場合、**「コンテナからミカンをとる」作業中の最多注意配分数は１**になる。なぜなら、注意の対象が以下のように移ろっていくからである。

コンテナを見る
（注意の対象数：1（コンテナ））

↑　**注意の移動**

ミカンをとる
（注意の対象数：1（ミカン））

ミカンをとる瞬間、コンテナには注意が払われないのかと疑問を抱かれる方がおいでになるかもしれないが、研修においては、注意の対象にならないと見る。

次の工程の袋と比較しながら、コンテナに注意が向かうか否かを考えていただきたい。

一方、次の**「とったミカンを袋に入れる」作業中の最多注意配分数は2**である。

なぜなら、注意の対象が次のように移ろっていくからである。

ミカンを持ったまま、袋を開ける
（注意の対象数：2（ミカン・袋））

↑

ミカンを袋に入れる
（注意の対象数：1（ミカン））

例えば、右手でミカンを持ち、左手で袋を開けながら、ミカンを入れやすい形にする。先の工程にあったコンテナは、特に手で袋のような扱いをしなかったことを思い出して欲しい。

以上をまとめると、「コンテナからミカンをとって、袋にひとつずつ入れていく」作業の最多注意配分数は2と分析できる。

「コンテナからミカンをとる」作業の注意配分数が1、「袋にミカンを入れる」作業の注意配分数が2と評価したわけだから、最多となるのは後者の工程の2をとった形だ。

ところがである。

これは実際に現場で起きたことだが、当事者がしばらく、「コンテナからミカンをとり、ひとつずつ

テーブルとして使っていたパレットの隙間に袋ごと落ちるミカン

袋に入れる」作業をしていると、袋に入れたはずのミカンが、テーブルとして使っていたパレットの隙間から落ちてしまったのだ。

これ以降、当事者の作業効率性は明らかに落ちていた。

さて、どのように分析したらよいであろうか。

まず「ミカンを袋に入れる」作業の最多注意配分数は2であった。このときのパレットはテーブルとしてしか認識されていないから、そこまで注意が向けられることもなかったであろう。しかし、パレットの隙間からミカンが落ちると知ってしまった以上、**パレットも注意を向けるべきものとなってしまった**のである。

したがって、**この当事者にとって、「ミカンを袋に入れる」作業中の条件が増えてしまったから、作業スピードが遅くなってしまった**と分析できるのではないか。

そして、この当事者は最多注意配分数が2の作業であれば、比較的スムーズに仕事を進めることができるが、他の条件が加わってしまうと、今はまだ厳しい側面があるといったアセスメント（評価、査定）的な仮説も立てられるようになってくるのだ。

逆に、支援者がパレットの隙間にミカンが落ちたのに気がつき、すぐにその隙間を埋めるとか、パレットでないものをテーブル代わりに用いるなどの配慮をしたならば、この作業の難易度は維持されていた可能性が高い。

なお、「コンテナからミカンをとって、一つずつ袋に入れている」作業中の最多注意配分数は、この当事者がミカンをパレットの隙間に落とした後でも、2である。

なぜなら、これは恒常的なものではなく、特殊な条件下で生まれるものであるからだ。研修では、このような作業中に覚えておくべき条件の数のことを**条件数**として分類する。

条件数については後述するけれども、いわば短期的あるいはアドホック（特別）な注意配分数は条件数として考えるということである。

それでは、前置きが長くなってしまったが、農福連携技術支援者育成研修テキストで掲載されている最多注意配分数と具体例を共有していこう。

> 1：ハクサイの計量
> タマネギの収穫
> 2：タマネギの調整（根や葉をハサミで切る）
> セル苗の定植
> ジョウロを使った灌水（花壇）
> 3：ジョウロを使った灌水（トレイに入った苗）
> 4：カーネーションの摘芽
> 5：刈払機を使った除草
>
> ―農福連携技術支援者育成研修テキストより引用

研修においては、注意は精神領域のものとして、次の三つに分けられている。

> ●選択的注意：作業者にとって重要だと認識された情報のみを選択し、それに注意

を向ける動き
- 注意の維持：注意をし続ける動き
- 注意の移動：必要な対象へ注意を移す動き

——農福連携技術支援者育成研修テキストより引用

注意（attention）は初期選択モデルから始まり、まことに多様な理論がなされてきた分野になる。それだけ人の根源的なものにかかわる文字どおり、注目に値する営みなのであろう。精神領域だけでなく、身体領域にも深くかかわっている可能性も非常に高い。

「注目」という言葉からもわかるとおり、注意と目線は密接な関係がある。そもそも眼球は一点を凝視し続けるのが苦手な特性を持つ。おそらくこの影響で、日頃は「移動の注意」が私たちの内で圧倒的に行われている。逆に苦手なのは、「注意の維持」であろう。

だから思考を固定しようとしても、どうしても注意が移動したがるのだ。この結果、ノウフクの現場でも、ミカンへの注意がコンテナへと移ろうばかりでなく、ふと現場にないものまで多々思い浮かんでくる。

こうして**注意は少しずつズレていく**。

要は、間断なく**類似**が迫ってくる。

注意配分数を数値化する際は、この性質にそれこそ注意されたい。

そして、障害の有無にかかわらず、私たちには注意を払ったものしか、目に入らないという特性もある。すなわち、フィルターがもれなくかかってくる。アメリカの知の巨人（パース）の言葉を借りれば、「注意は後続する思考に大きな影響を及ぼしている」ということだ。

せっかく多様な方々が集うノウフクになったのだから、多様な注意から多様な世界が生まれる機会になって欲しい。そのためには、支援者がもっともらしい注意の対象を検証し、シンプルかつ経済的に数値化。その仮説を他の関係者と共有していく必要があるのではないだろうか。

淡路式難易度分類表

巧緻性と注意配分数を両輪とした難易度評価を見てきたが、いかがであったろうか。これをわかりやすく構造化し、巧緻性を横軸に、最多注意配分数を縦軸にとったのが、**淡路式難易度分類表**（以下、「難易度分類表」と表記）になる。

例えば、左の表はこれまで例示してきた作業の難易度分類表になるが、対象となる農作業の難易度が客観的にわかるようになっているので、農業と福祉のミスマッチングが減る可能性が高い。

また、巧緻性2・最多注意配分数2の難易度を持つ「カブの下葉処理」ができた当事者が、同じ難易度に評価されている「ミカンの袋詰め」もできるであろうといった仮説も立てやすくなる。

さらにその当事者に熱意や成長が見られたなら、巧緻性をひとつ上げた作業にトライしていただいてもよいし、最多注意配分数をひとつ上げた作業に挑戦していただいてもよい。

つまりは、当事者の農作業技術におけるキャリアも見える化できるということである。それが故に、マッチングする際の賃金交渉や工賃配分検討の参考資料にもなり得る。

さて、難易度分類表を作成する際、もし同じ枠内に複数の作業がリストアップされそうであったなら、その**順番は工程数や危険度、条件数といったものを加味したもの**にする。

危険度に関しては、次のような5段階に分類されており、後の段階になるほど危険度が高くなり、難易度も高いと分析する。

1：通常は危険が予想されない作業
2：切り傷や打ち身など、簡易な手当てで治療可能な程度の危険を伴う作業
3：受診が必要なケガも起こり得る作業
4：安全に行うには、常に複数の注意配分を要するが、ケガは起こり得るレベル

淡路式難易度分類表

3			
2		カブの下葉処理 ミカンの袋詰め	
1			
最多注意配分数／巧緻性	1	2	3

の作業

5：安全に行うには、常に複数の注意配分を要し、生命に関わる危険が伴う作業

―農福連携技術支援者育成研修テキストより引用

5段階の具体例を共有しておこう。

1：播種・苗の定植

2：ハサミやカッターの使用・重たい荷物の運搬

3：包丁や刈込ハサミの使用

4：刈払機の使用

5：高木樹上での剪定

―農福連携技術支援者育成研修テキストより引用

実際には、当事者の特性や状態によって、危険度は日々異なってくる。例えば、認知症の影響で、通常は食材ではないものを口に入れる「異食行為」が

見られる場合は、危険度が1の播種であっても、危険となる場合がある。

服薬の確認等、日々の当事者に関する情報共有は、危険度を分析する際にも大切なことである。

条件数に関しては、この後、詳しく述べていくことにする。

条件数

作業中に覚えておくべき条件の数を**条件数**という。

第3章で扱うが、農作業指示におけるルールも条件数に加えられることが多い。**条件数も増えれば増えるほど、難易度分類表の枠内における難易度が工程数や危険度と同様に上がっていく**。

例えば、カブの下葉処理の際、「傷んでいるカブを足下のコンテナに入れる」というルールがある場合は、条件数1が加えられる。

また、「洗浄されたカブを大きさで三つに分ける」というルールのもと、Lサイズは台車の右に、Mサイズは台車の中央に、Sサイズは台車の左に置いていく場合、条件数は3となる。

さらに、「洗浄されたカブを大きさで三つに分ける」ルールと共に、「カブの品質を優と秀のふたつに分ける」というルールが同時に適用された場合の条件数は、3＋2で計5となり、かなり難易度が上がると見てよい。

なお、カブの大きさも品質も相対的なものになる。異常気象が多い昨今、場合によっては、全体的にカブが小さかったり、質が悪かったりすることもあるかもしれないが、それでもカブを分けていく必要がある。

したがって、このような判断や選別も条件的であると言える。

同様に、口絵にミニトマトの写真が掲載されているが、これを収穫する際に、「赤色のものを収穫する」というルールがあった場合は、こちらも条件数1が加えられる。

ナスを収穫する際も、「15センチ以上のものを収

大きさと品質を基準にして分けられたカブ

穫する」というルールがあったなら、同じく条件数1が加えられる。

ただ、いずれも**条件の見える化**は工夫しておいたほうがよい。

つまりは**基準の見本が共有されている**ことが大切である。

ミニトマトの収穫であっても、ナスの収穫であっても、収穫基準をクリアしたミニトマトやナスを見本として当事者に持っていただいてもよいけれど、収穫を進めていくうちに、どちらが見本か混乱してしまい、せっかくの見本が収穫物に次々と変わっていってしまうケースも見られる。

したがって、ミニトマトの収穫であったなら、基準となる赤色がわかりやすいカラーチャート（表紙カバー袖掲載）の紙を当事者に持っていただくのも手であろう。

ところで、日本には赤色が多様にある。

ぜひ、トマトの収穫におけるカラーチャートを作成される際には、吉岡幸雄の『日本の色辞典』を一度、手にとって欲しい。日本の色がきれいに刷り出されており、読後、失われた色彩感覚が少し蘇ったような心境にさせてくれる一冊である。

吉岡は日本古来の色を出すために、有機農法の紅花や藍にこだわっていた。こちらも人手不足と高齢化で、そのような農家は激減してしまったけれども、ノウフクが担える部分があるように見受けられる。吉岡は次のように言う。

> 土のなかから、朱、弁柄などの金属化合物の赤を発見し、茜の根、紅花の花びら、蘇芳の木の芯材、そして虫からも赤色を取り出そうとしたのは、まさに、陽、火、血が人間にとっての神聖な色であったからにほかならない。
> ―『日本の色辞典』吉岡幸雄より引用

慣れてしまえば、トマトの収穫は何も考えずに、やってしまいがちだ。しかし、ノウフクがあいだに入ることで、色の微かな違いに注意を払う機会も出てこよう。

ちなみに、収穫時のトマト界隈の色の名は、次のようなものがあるのではないか。

朱色・真朱・洗朱・茜色・紅葉色・紅・深紅・韓紅・艶紅・今様色・臙脂色・猩々緋
ときにノウフクは当事者だけでなく、その関係者にも、近代化で私たちが失ってきたものを思い起こさせてくれる。色もそのうちのひとつに入るのではないだろうか。

続いて、吉岡が最も愛した色である紫のナスに話を移そうか。

ナスの収穫であったなら、ハサミの刃に15センチとなる部分に印をつけ、モノサシとしてもハサミを用いながら、作業を進めてもらうのも工夫のひとつである。

ただ、ナスの場合は曲がった形のものも少なくない。

一般的にナスが曲がる原因として、部分的な日照不足や傷が挙げられる。むろん、農家はナスが曲がらないように日々、努められているものの、それでも曲がってしまったナスもノウフクで収穫したい場合は、「15センチ以上となりそうな曲がったナスも収穫する」といったルールが加えられるであろうから、条件数1として数えられる。

この場合は、曲がったナスも測れるモノサシを工夫する現場もあれば、アフォーダンス的にそもそも曲がりにくいナスの品種を作付計画段階で選択するといった現場もある。もし、そのような品種が伝統野菜にあれば、よりノウフクに物語が添えられるかもしれない。

さて、様々な農業を細分化してきたが、第1章で最初に分けたものは、

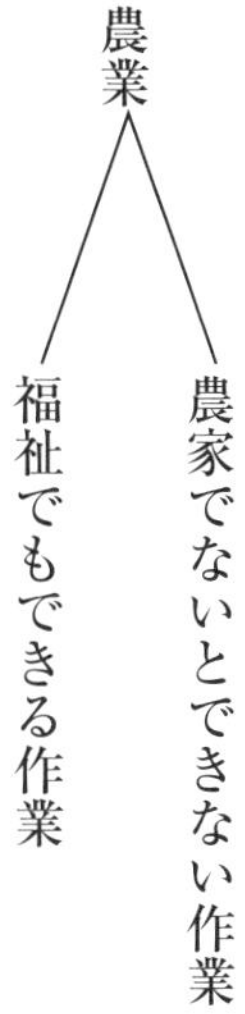

農業
- 農家でないとできない作業
- 福祉でもできる作業

であった。「農家でないとできない作業」の中には、むろん、巧緻性と最多注意配分数が大きい難易度の高い作業のものが多い。

その一方で、先ほどのカブで例示したように、作業自体は巧緻性2・最多注意配分数1ないしは2程度であるにもかかわらず、条件数が5や6になってしまう現場も少なくない。

実際、このような作業は支援者でも習得するのに時間がかかる傾向にあり、こちらも「農家でないとできない作業」に分類するのが自然であろう。現場でも経験的に難しい作業だと、誰もが共通して感じているようである。

当然、これと似た作業を難易度分類表に写したとき、例えば巧緻性2・最多注意配分数1の枠内で、条件数だけが高いから、トップに表記されることになる。

しかし、このような難易度評価の表現をしてしまうと、**他の現場で巧緻性４・最多注意配分数４付近の作業ができた当事者でも、この種の作業が統計的にできない**のだ。すると、難易度分類表を基準とした当事者へのアセスメントの整合性がどうしてもとりにくくなってきてしまう。

今後の課題があるとするならば、巧緻性と最多注意配分数がそこまで高くなく、条件数だけが高い作業の扱いであろう。いわゆる農家の経験と勘の数値化を、条件数中心に片付けてよいのかということである。

以上の第1章は一枚の淡路式農作業分析表にまとめることができる。発表や掲載時は次の出典を明記することで、使用可能なので、一度ご自身で普段の農作業を分析されることをお勧めする。

> 出典：豊田正博・金子みどり・横田優子・他3名
> 知的障害者就労支援における農作業分析と難易評価法の開発　人間・植物関係学会雑誌 15(2):1-10.2016.

出典からもわかるとおり、もともとは知的当事者のための分析表ではあるものの、他の特性をお持ちの当事者が参画するノウフクにも有効な側面が多い。

詳しくは、『農福連携　人と作業のマッチング・ハンドブック』(ひょうご農林機構)を参照されたい。インターネット上でも閲覧可能となっている。

項目だけの簡易的な表は、次頁に用意したので、参考になれば幸いである。

また、圃場をより充実させたいのであれば、**GAP(Good Agricultural Practices)認証**の取得を検討されるとよい。GAPとは持続可能な農業を実現するための生産工程管理の取り組みで、農薬・肥料の保管や農機具の整理整頓の徹底、生産履歴の記帳等をクリアすべき項目として入れていることから、ノウフクとの親和性も非常に高い。

あるいは**ノウフクJAS**の取得もお勧めである。JASは日本農林規格の略だが、ノウフクJASは当事者が生産工程に携わった食品及び観賞用の植物の農林規格のことで、商品の背景にある社会的価値に重きを置いているところに特徴がある。

逆に、今後の制度として期待されるのは、**当事者**

淡路式農作業分析表

番号	農作業分析モデル	
1	パターン化の有無	
2	必要な動作	
3	作業姿勢	
4	作業負担度	
5	両手の使用	
6	巧緻性	
7	注意の対象	
8	最多注意配分数	
9	危険度	
10	作業形態	
11	工程表	
12	条件数	

の農業技術を対象とした検定制度や認証制度ではないだろうか。多様な当事者を一概に判断していくことの是非を対話しながら、当事者の意欲や成長記録に結びついていく制度も待たれるところである。

◆面影・第１章ノート

この章では、農業を当事者がわかりやすくなるまで細分化し、さらにその難易度を支援者が数値化していくという方法を扱った。

一般的に**細分化は、大きいものから小さいものへと境界で区切っていき、構造をつくる人の営み**になる。

農作業細分化においても同様で、農業から農作業、農作業から工程へと区切ってきたことで、農業というのが、わかりやすくなったのではないだろうか。

わかりやすいということは、共有のされやすさにもつながる。地域支援者の基準を同じにし、難易度が揃うなら、当事者の才能が開花する機会が増える。どのような農作業をノウフクで担えるのか、農家側が目星をつけやすくなるのと同時に、福祉側も当事者ができる農作業の仮説が立てやすくなるからだ。

研修では、巧緻性と最多注意配分数を両輪とした基準とした難易度評価を推奨しているので、もちろん支援者同士で話し合う際は、このような視点で工夫していくと、ノウフクに深みが出てくる可能性が高い。

巧緻性とは、器用さのことになる。フラジャイルな作物を扱う場合、アフォーダンス的にその作物を傷つけぬ力加減など、器用さが求められる。

また、最多注意配分数は作業中にいくつ注意が払われるべきものがあるかといった視点になる。こちらも「作業中」というものをどう区切っているのかが重要になる。作業細分化による工程の区切りがきちんと関係者で共有されていることが土台になるからだ。

最多注意配分数の数値化に関しては、それこそ注意が必要である。本質的に注意は無常であり、移ろうものであるからだ。最初は、整数のみで注意配分数を表し、その数値を支援者間で揃えるのも、大変かもしれない。しかし、それも支援者だけでなく、農家やコーディネーターと話す題材と捉え、**関係者の目線を合わせていく機会**と捉えることが肝要となってくる。

第2章でお伝えする当事者の特性によっても、むろん、実際の難易度は異なってくる。同じ農作業でも、当事者にとって簡単あるいは難しいが分かれるからだ。ただ、いきなり当事者のことも含めて考えると、複雑になってしまうから、第1章では**純粋に農作業に必要な動きのみを対象にして分析し、当事者に最適なロール（役割）を割当てる準備をしている**ことは、再度押さえておいていただきたい点である。

NOUFUKU

第2章

福祉の細分化

～ワカルとカワル～

福祉の細分化

本書で提案したいことは、一途で多様な細分化に尽きる。

第1章では、「農業」の細分化を扱ってきた。つまりは、農業を分母にして、ノウフクを見てきたということである。

農作業細分化と難易度評価を経て、当事者がかかわる農作業は難易度分類表として構造化された。これにより、ノウフクは当事者が安全に安心して働ける土台がつくられるようになったばかりか、効率性も上がり、農家の戦力となるノウフクへとなる可能性も高まるであろう。

つまり、**ワケルとワカルということで、農業を福祉にもわかりやすくしてきた**わけである。

ノウフクとは農業と福祉が互いを理解し、互いになじむことであった。

第1章では、農業側から福祉になじむ準備をしたつもりである。

一方、第2章からは「農業」と同様に「福祉」の細分化を扱っていく。

今度は**福祉側から農業になじむ準備**をしていきたいのだ。

農業がわかるようになってくると、当事者はよい意味で変わってくる。つまり、**ワカルとカワル**のだ。

分母を福祉に変えて、ノウフクを扱っていくということでもある。

同じノウフクを見ても、農業を分母にしたものと、福祉を分母にしたものとでは、まったく見え方が異なってくることも多い。

分母を変えるということは、世界の見方を変えるということになる。むろん、ノウフクの見方も変わっていく。

一般的に、障害は三障害として、次のように三つに分けられることが多い。

三障害
- 身体障害
- 知的障害
- 精神障害

障害者基本法によると、障害者の定義は次のようになる。

> 身体障害・知的障害・精神障害（発達障害を含む）・その他の心身の機能の障害がある者であって、障害及び社会的障壁により継続的に日常生活又は社会生活に相当の制限を受ける状態にある者
>
> ―障害者基本法より引用

この定義にもあるように、発達障害は精神障害に含まれて論じられることが少なくないが、いずれの場合も**障害特性**といわれるものがある。

本書では、障害特性を**「特性」**と表記していくこととする。

この特性を踏まえて、難易度評価がなされた農作業をどう当事者に割当てていくかが、第２章の趣旨になる。

特性に合った農作業は、ときとして当事者の強み（strength）を引き出し、その才能を開花させる。第2章では、その方法も模索していきたい。

ところで、本書では当事者という表記にしているが、「障害者」と対になる言葉として、「健常者」という言葉をよく耳にする。文字どおり捉えれば、「常に健やかな者」という意味なのだろうか。

こちらも再考の余地がある印象を受けるが、個人的により違和感を抱くのは、過度に当事者を健常者という型にはめようとする教育方針である。端的に言えば、当事者が健常者に近づくのを善とする考え方である。

もちろん、安全管理等の視点から、当事者に健常者と同様にふるまえるよう教えなければいけない場

面は、ノウフクの現場においても多々ある。

障害の有無に関係なく、もともと農業は作業が多岐にわたり事故も多くなりがちな仕事であるから、そのような教育はまことに重要であろう。

しかし、**支援者はあくまでジョブコーチであって、教師ではない**。

相手にコーチングをするのがコーチであり、相手にティーチングをするのが教師である。

本書では、過度なティーチングはせっかくの多様性をノウフクから奪い、均一化してしまう可能性があるという考えのもと、コーチング的な立場からも、当事者の才能を開花させる方法を模索していくこととする。

作業割当て

作業難易度と特性に配慮しながら、当事者にロール（役割）を与えることを**作業割当て**という。そのロールが適切なら、当事者に働きがいのある現場を提供できる可能性が高くなる。

ここでは、**農家から支援者に農作業指示が行き、その農作業指示を受けた支援者が、すぐに作業細分化や難易度評価を頭の中で行いながら、作業割当てを現場の当事者にしていくパターン**をモデルとして述べていく。

このモデルは援農型のノウフクによく見られる流れになる。

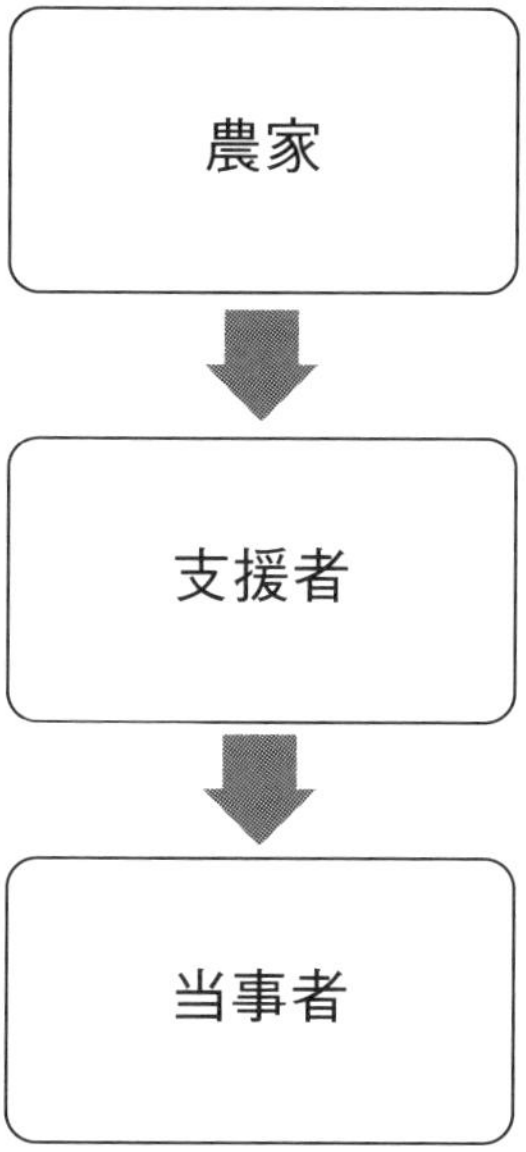

農家

支援者

当事者

援農型のノウフクは第3章で後述するが、援農型においては、農家が当事者に直接指示することは**疑似請負**のリスクが生じるため、支援者が当事者の特性などを踏まえて、作業割当てを行うのが一般的である。

また、**支援者１名が当事者３名を連れて、地域農家に援農しにいく場面を**想定していただきたい。こちらも援農型ではごく一般的な人数になる。なぜなら、農道の多くは幅が狭く、軽自動車でないと圃場にうかがえない場所も珍しくない。その際、支援者が運転し、当事者3名を送るパターンが多いからだ。

現場に着いたら、先ほどの流れで、当事者3名に作業を割当てていくことになる。各当事者の特性は、次のとおりに設定するものとする。

【当事者Aさん】身体的に障害をお持ちで、右腕がほぼ使えない。農作業は早いものの、その分、雑な面が時折見受けられる。明るい性格の持ち主。

【当事者Bさん】知的に障害をお持ちで、ワーキングメモリが小さい。性格は非常に素直で、一生懸命に言われたことをやろうとする。虫が大好き。

【当事者Cさん】精神的に障害をお持ちで、内向的な性格の持ち主である。農作業は非常にゆっくりだが、正確な作業を持続できる。集団でいるのが苦手。

それでは、細かく作業割当てを見ていこう。

援農にいく当事者３名の特性

身体的に障害をお持ちで、右腕がほぼ使えない。農作業は早いものの、その分、雑な面が時折見受けられる。明るい性格の持ち主。

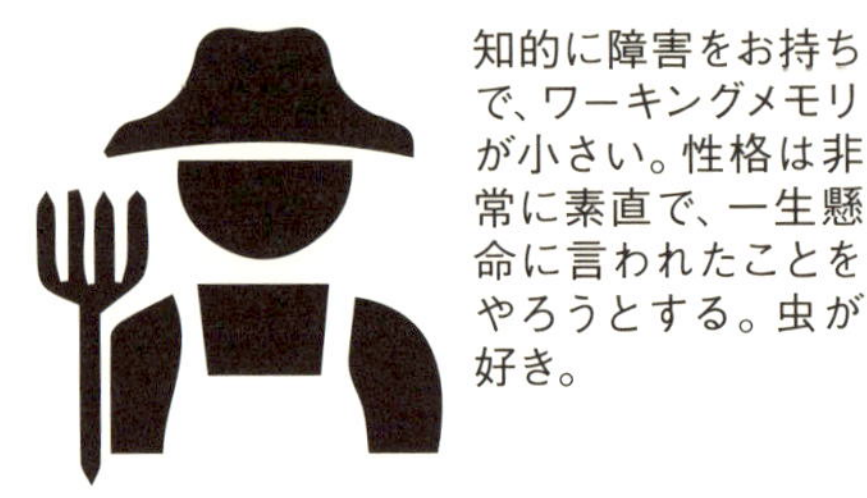

知的に障害をお持ちで、ワーキングメモリが小さい。性格は非常に素直で、一生懸命に言われたことをやろうとする。虫が好き。

精神的に障害をお持ちで、内向的な性格の持ち主である。農作業は非常にゆっくりだが、正確な作業を持続できる。集団でいるのが苦手。

利き目

まずはしばらく特性の細分化をしていきたい。

手始めに特性と配置の関係について、イメージしやすいから、「利き目」から見ていこう。

第1章でも少し触れたが、目にも利き手と同じように、利きがあり、大きく次のように分けることができる。

利き目
- 右：左脳型
- 左：右脳型

視神経が交差して、脳につながっているため、利き目が右目のほうは左脳型で、論理的に言語等で農作業を理解していく特性を持っている。

例えば、除草なら、

利き目が右目の赤ん坊（写真に向かって左が利き目）　写真は Unsplash より引用

ステップ１：草を抜く
ステップ２：草を集める
ステップ３：草を捨てる

といったように、ステップ・バイ・ステップでやるべき仕事を伝達すると理解していただける傾向にある。

いわゆる**プロセス指向**である。

一方、利き目が左目のほうは右脳型で、感性的にイメージで農作業を理解していく特性を持っている。同じ除草でも、まず支援者が草を抜き、集め、捨てるといった一連の作業をひととおり見本として見せたほうが、理解していただける傾向にある。

いわゆる**ゴール思考**である。

日本人の約八割は利き目が右目になるけれども、例えば、不登校の方には利き目が左目の割合が多い。おそらく、**学校教育がステップ・バイ・ステップ方式の左脳型に偏っているから**であろう。また、当事者の方においても、平均的な日本人より利き目が左の割合が多い傾向がある。

さて、肝心の利き目の把握の仕方だが、最も簡単なのが、スマホをどちらの目の前で見ているかで判断するというものだ。実は、あまり顔の真ん中でスマホを見ている方はいらっしゃらない。大概は、利き目に寄って、スマホを見るのが一般的になる。

また、慣れてくると、通行人の利き目もわかるようになってくる。

正面から見たとき、利き目のほうがまっすぐこちらを見ている印象を受けるからだ。逆に、利き目でないほうの目は、正面から見たとき、少し中央に寄って、斜めにこちらを見てくる印象を受ける。

一般的に目力の強いほうが利き目である。

例えば、利き目を基準にして学校の席替えをすると、教師も生徒もわかりやすく授業を行えるようになり、クラスの成績もおのずと上がっていく。

教室の黒板に向かって右側の空間を利き目が右の生徒に座ってもらい、左側の空間を利き目が左の生徒に座ってもらえばよいのである。

このような配置にしておけば、教師は利き目が右の生徒たちが座っている空間に対して、論理的に言葉を主に用いた授業を提供すればよい。逆に、利き目が左の生徒たちが座っている空間に対しては、イメージ的に絵や映像を用いた授業を展開すればよいのではないだろうか。

加えて、板書も黒板右側には文法や法則などの論理的な事項を記すようにし、黒板左側にはマインドマップなどの映像的な事項を記すルールにしておけば、なお効果が見込めるであろう。

ちなみに、**利き目と利き目を合わせたほうが、コミュニケーションはとりやすい**。したがって、利き目という特性と座席をリンクさせておけば、目の合わせ方も容易になる。

ノウフクにおいても同様に、**当事者の特性と配置が適切であれば、それは支援がしやすい環境が整ったということ**である。

ところで、**目と目を合わせるのが苦手な当事者**というのは、かなりいらっしゃる。

本書の冒頭で、ノウフクとは握手してなじむこと、しかも、グーとパーで価値観や世界観が異なる者同士が握手してなじむことと例えを出したけれども、

その握手をするときは、目と目を合わせようとするのがマナーとなっているように見受けられる。これは、

「人の目を見て、話しなさい」

といった教育の延長であろう。面と面を向かい合わせて、コミュニケーションをとろうとする面接が主流なことからも窺える。

しかし、明治維新以前の日本人はそもそも目と目を合わせることを避けていた。**目が合う生々しさを厭がった**ためである。だから、茶道でも正対して座ることはほとんどない。今の面接とは価値観が真逆であったのだ。

このように見方を変えれば、目を合わせるのが苦手な方というのは、もともとの日本人の特性を守ってきた人というように考えることもできる。

試しに、目を合わせた状態での握手と目を合わせないでの握手をされるとよい。**目を合わせないほうがなじむ**ことがわかっていただけるのではないか。

そもそも野生では、目を合わせるという行為で、捕食者と餌の関係が決定されることも珍しくない。目力が強い動物が、目力の弱い動物を食べるのである。

人間社会においても、目の合わせは、相手への操作願望の現れとしてが多い。目力の差があれば、**目力弱きほうの目が泳ぐ**。

古典的な催眠術で、糸で吊るした五円玉を左右に揺らし、

「あなたはだんだんと眠くなる」

などというシーンを見たことはないだろうか。

目が動くということは、無意識に記憶が刷り込まれる状態にあるということを意味する。だから、**当事者の目が動いているタイミングで支援者が叱ったりすれば、それはトラウマになる可能性が高くなってしまうのである**。

このことを踏まえれば、目を合わせるのが苦手な当事者の目を合わせようとする方向自体がかなりズレていることは、自明ではないだろうか。

目を合わせずに、互いになじみ、尊びながら耕していく。

このような支援があっても、もちろんよいのだ。

日本人が目を合わせなければならないと何の疑問も抱かず、思うようになったのは、むろん、西欧化の影響になる。筆者は何も西欧を否定したいわけではない。

西欧的な支援も大切であり、日本的な支援もかけがえのないものであることを言いたいだけだ。

これが多様ということであろう。

目を合わせられる当事者には、西欧的に利き目と利き目を合わせて、その関係性を深めていけば、それが自然である。目を合わせずになじませる日本的なコミュニケーションを強要する必要はない。

同様に、目を合わせられない当事者には、日本的に腹と腹を合わせる感覚で、その関係性を深めていくのが自然であろう。こちらも目を合わせる世界観を強要する必要は、まったくないではないか。

利き目については、これだけで一冊の本になってしまうので、そろそろ話をやめるけれども、「見る」ひとつとっても、人はその動作をどこまでも深めていける。だからこそ、**巧緻性や注意配分数といった分析を入口として、当事者を見るのと同時に、当事者が感じている世界そのものにも興味を持っていただければ、幸いである。**

さて、近代化にともない、人間の身は有界化の一途を辿ってきた。

魚にとって己の身というのは、広大無辺の海のことかもしれない。側面に位置する目が己を向くようにできておらず、常に海を見ているのだから、己は海だという認識を抱いてもおかしくはない。もしそうであるならば、この上なく非有界的な身体観である。もし、私が魚なら、海が私であると同時に、私が海そのものなのだ。己と海のあいだの境界がまったく感じられない。

ところが、人間は魚とは異なり、両眼が前方についたことによって、右眼の視界と左眼の視界が広範囲で重なるようになり、距離感がそこから生まれたのは周知の事実である。すると、こちら（here）とあちら（there）のあいだに、奥ゆきの境界線が引かれることになった。こうなれば、自他の区別、つまりは自分の身と他人の身を区別するようになったのは、想像に難くない。この世とあの世の原型ができたのも、まさにこのときであったのであろう。身における内外の境界線ができたのである。

しかし、当事者の中には、非有界的な身体観を有しているのではないかと私はふと感じることがある。

これに関しては、第3章で後述する。

配置

さて、話をノウフクにもどそう。

農家から農作業指示を受けた支援者は、作業をわかりやすく分けて、難易度を踏まえながら工程に分け、当事者にロール（役割）を与えなければならなかった。

当事者からしてみれば、今回は、どのような仕事を任せられるのだろうかと思っているかもしれない場面になる。

そのときに、まず**「どこ」をその当事者に任せるのか**をお伝えしていただきたい。つまり、圃場を分けて、その当事者に任せる空間を明らかにするのである。

一般的に、情報は5W1Hとして知られる「誰が」「いつ」「どこで」「何を」「なぜ」「どのように」するのかといったように分けて、お伝えすることが多い。

無論、これは重要な細分化なのだが、いっぺんにお伝えすれば、なかなかの情報量で、場合によっては、ワーキングメモリを越えてしまうかもしれない。

そこで、**伝える手順**を大切にするのだ。

例えば、A畝とB畝に生えた雑草を全て軍手で抜く除草を農家から午前中の二時間で頼まれたとしよう。これを支援者1名と当事者3名の計4名で行うとイメージして欲しい。ここでは支援者も一緒に除草をするものとする。

まず考えるのは、支援者自身の配置になる。

支援者が最優先すべき役割は、当事者が安全に安心して働ける環境をつくることに尽きる。もちろん、援農型ノウフクの場合は、農家の期待に応えるのも大切な役割にはなるが、当事者の安全が損なわれて

当事者全員を見渡せる支援者の位置

支援者

A畝

B畝

しまっては意味がない。

そこで、**支援者はなるべく当事者全員が見渡せる位置にいる**ようにすることが大原則である。

今回は支援者も作業に入るから、除草中の背後は視界に入らない可能性が高くなる点は配慮していただきたい。

すると、安全管理を基準にすれば、A畝とB畝のあいだに支援者が入り、作業をしながら支援をする配置は避けたほうがよいということがわかってくる。

むろん、支援者がチームの中央にいるというのは、当事者にとっても心強い配置なのは否めない。ただ、安全管理を基準にした場合は、基本的に支援者の視界に当事者全員が入りやすい位置にいたほうがよいということである。

したがって、支援者はとりあえず上図の×の位置にいるものとする。

次に考えるのは、**畑を分けること**になる。

計4名で除草をするのだから、畑を4等分にするのが自然だ。

ヒモを用いて、担当範囲を見える化

支援者

A畝

①

②

B畝

③

いろいろな方法があるであろうが、一般的なのは、上のような分け方ではないだろうか。

このように分ければ、おのずと各々が半畝の除草を担当すればよいとわかる。ヒモを用いて、担当範囲を見える化しておくのも、大変有効になる。

あとは①・②・③の各列を、先ほどのどの当事者にやっていただくかを考えていく。特性を再確認しておこう。

【当事者Aさん】身体的に障害をお持ちで、右腕がほぼ使えない。農作業は早いものの、その分、雑な面が時折見受けられる。明るい性格の持ち主。

【当事者Bさん】知的に障害をお持ちで、ワーキングメモリが小さい。性格は非常に素直で、一生懸命に言われたことをやろうとする。虫が大好き。

【当事者Cさん】精神的に障害をお持ちで、内向的な性格の持ち主である。農作業は非常にゆっくりだが、正確な作業を持続できる。集団でいるのが苦手。

むろん、支援方法に正解というものはないものの、守るべき事項を確認していくと、どの支援も似てくるといった特徴は出てくる。

例えば、担当する空間が2畝あるので、チームを二手に分けるのはどうであろうか。すると、

チームⅠ：支援者　＆　①列を担当の当事者
チームⅡ：②列を担当の当事者　＆　③列を担当の当事者

このような具合に編成できるのではないかと目星をつけられるかもしれない。

このとき、集団でいることが苦手で、作業もゆっくり丁寧な当事者Cさんを配慮するならば、明るい性格で、作業が雑で早い当事者Aさんとある意味、対極と言えないこともない。

したがって、チームⅡとして当事者Aさんと当事者Cさんを組ませるのは、お互いに合わないのではと仮説を立てることもできる。

この仮説で支援をするならば、

チームⅠ：支援者　＆　当事者A（①列を担当）
チームⅡ：当事者B（②列を担当）　＆　当事者C（③列を担当）

という配置がひとつ候補に挙げられるであろう。

すなわち、支援者が当事者Aさんのとり損ねた草を指摘しながら、A畝でチームⅠとして作業を進めていき、当事者Bさんと当事者CさんがチームⅡとしてB畝で作業を進めていくといった具合である。

支援者は当事者Aさんの仕事ぶりを近くで確認し

ながら、当事者Bさんと当事者Cさんの安全と作業も少し遠くから見守るのだ。

他の配置の可能性としては、次のようなものはどうだろうか。

チームⅠ：支援者　＆　当事者C（①列を担当）
チームⅡ：当事者A（②列を担当）　＆　当事者B（③列を担当）

今度は支援者が当事者Cさんとチームを組むのである。

この場合、支援者はゆっくり丁寧な作業ペースに合わせながら支援をしてもよいし、逆に支援者がある程度、スピードを出して、当事者Cさんがご自身のペースで仕事を進められる環境をつくるのもよいのではないだろうか。

いずれにしろ、配置を見れば、そこの現場がうまく機能しているか否かがわかる。なぜなら、**配置にこそ、どう作業を細分化し、その工程の難易度をどのように評価し、最終的にどのような特性をお持ちの当事者に作業を割当てたのか、現れる**からだ。

配置が決まれば、当事者たちの作業もおのずと決まってくる。

当事者の経験や特性によっては、そのあいだにプロセスとしての支援を挟むべきときがあるが、**なるべく支援の選択肢が豊かになるような配置**を考えることも大切になってくる。

作業細分化や難易度評価を背景として、配置を決めていくという方法は、どの支援者も真似すべきモデルであるが、そのひとつのモデルから出てくる支

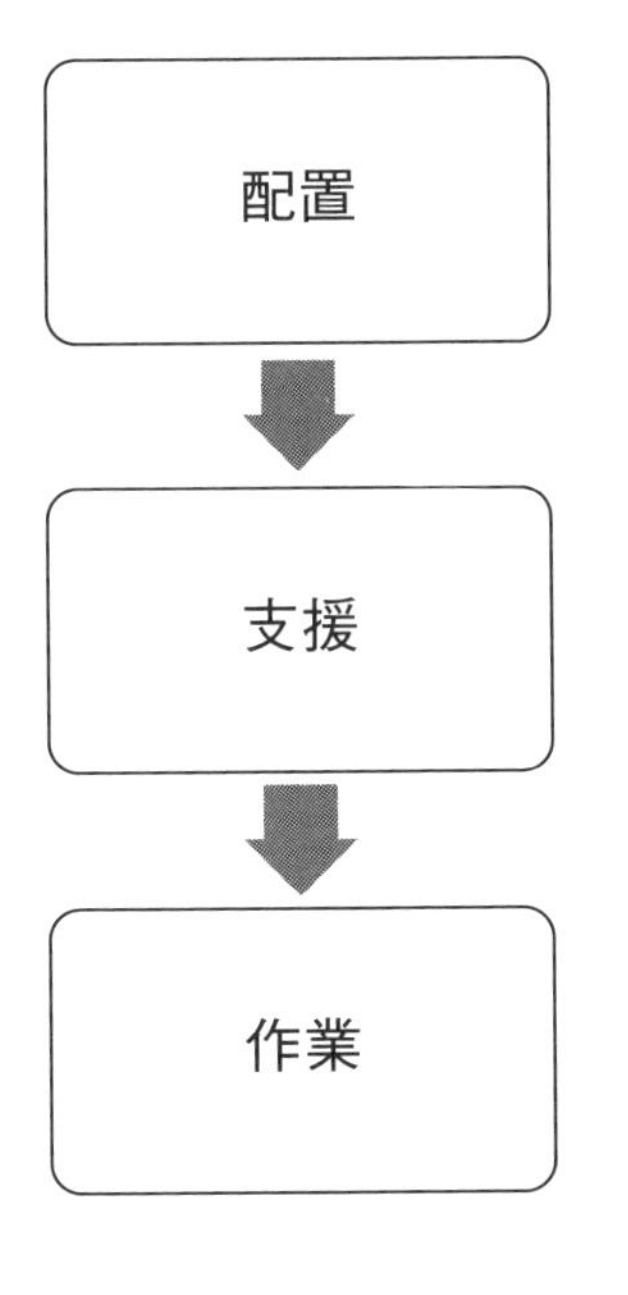

並行直線構造の配置

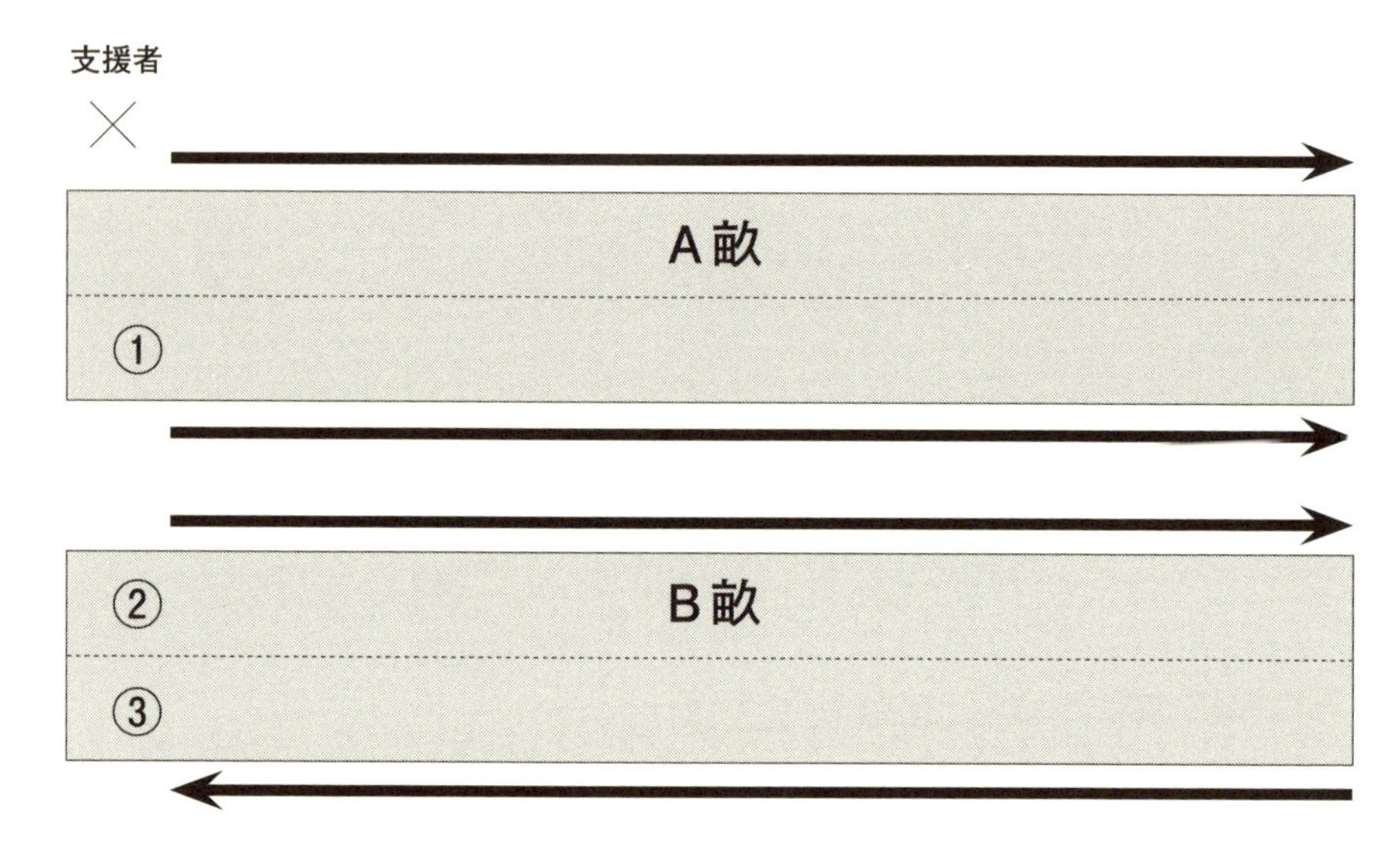

援は、多様である。これを本書の冒頭では、**一途で多様な細分化の技法**として紹介した。

野球選手が同じようなフォームで、皆素振りをしているのにもかかわらず、そこに選手としての個性がにじみ出てくるように、支援者も同じモデルで支援をしていっても、そこからおのずと個性が出てくる。多様な当事者を支援していくには、その土台にやはり多様な支援を生み出すモデルが必要であり、まずはその型を守った上で、多様さを出していくことが肝要ではないだろうか。

さて、このように配置をしていくと、自然に直線的な作業の動線ができていく。このような配置のとり方を**並行直線構造**という。

一方、A畝・B畝関係なく、3名の当事者に好きなところから勝手に除草をやっていただく場合は、先ほどの直線的な動線は生まれず、作業する場所が散ってしまう。このような配置のとり方を**点在構造**という。

むろん、点在構造より並行直線構造となるような配置をしていくことが、効率性や正確性から考えても望ましいが、同じ並行直線構造においても、図のA畝で示した**同方向型**の並行直線構造と、B畝で示した**逆方向型**の並行直線構造に分けられる。

つまり、動線のベクトルが異なるわけである。

一見、同じように映るかもしれないけれども、実際は効率や安全管理の面で大きく異なることも少なくない。なぜなら、除草であったなら、コンテナや台車といったツール（道具）を置く位置で、動きやすさが違ってくるからだ。

人の配置ができたなら、**ツールの配置**も合わせて考えていきたいところではないだろうか。

作業形態

作業細分化と配置を進めていくと、作業形態を考える必要性にぶつかることが多い。作業形態とは、農作業の形態のことで、一般的に次の三つに分けられる。

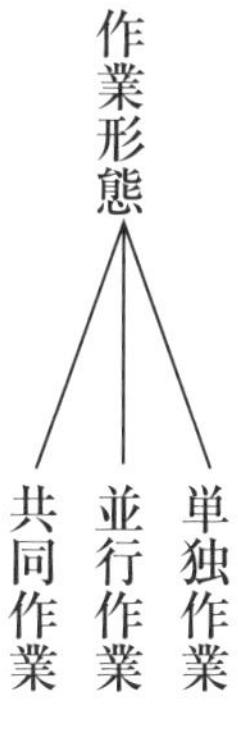

作業形態
- 単独作業
- 並行作業
- 共同作業

単独作業とは、当事者がひとりで行う作業を指す。先ほどの除草のときのように、支援者が指導しながら、農作業を進める形でも、当事者がひとりで行うのであれば、単独作業に分類される。

正対配置

支援者

当事者

つまり、支援者が畝を挟んで当事者と座り、①の位置で除草する当事者の支援を行うといった配置で説明したが、これも単独作業として考えるということである。

このような配置を**正対配置**という。

正対配置をとる場合、「利き目」で前述したように、**支援者の目と当事者の目が合いやすくなる**から、そのようなコミュニケーションが大丈夫な当事者に適した配置と言える。

また、もし支援者も一緒に作業をするならば、当事者の眼前で見本の作業を真似しながら、仕事ができる配置でもある。

一方、同じ単独作業の支援にしても、当事者の正面ではなく、次のように、傍らで支援を行うという場合もある。

並列配置 1

支援者　当事者

このような配置を**並列配置**という。

並列配置をとる場合、目と目を合わせることは少なくなるため、支援者と当事者がなじみやすいという特徴がある。

例えば、当事者Cさんのように、**集団が苦手な特性をお持ちの方には、正対配置よりプレッシャーにならず、有効な配置**となる可能性が高い。

以上、支援ありの単独作業の場合、大きく正対配置と並列配置に分けられる。しかし、ここでは、さらに後者の並列配置をこだわってみたい。

先ほどは、当事者の右隣から支援者が見守っていたわけだが、次のように、左隣から支援すると違いはあるだろうか。

並列配置 2

頭の中だけで考えていてはわからないが、実は、これにもはっきりとした違いを感じる場合がある。早い話、どなたかと並んで立ってみるとよくわかる。

よく恋人や夫婦が並んで歩くとき、例えば、いつも男性が右側、女性が左側(もちろん、その逆もいる)という配置が、しっくりくるという方が少なくない。そして、面白いのが、この居心地のよい感覚は相手とも共有されるという点になる。つまり、左右のどちらかにいるだけで、互いのなじみ方が変わってくるのだ。

また、並列配置における居心地は、利き目とも関連があるとされている。

利き目と配置の関係

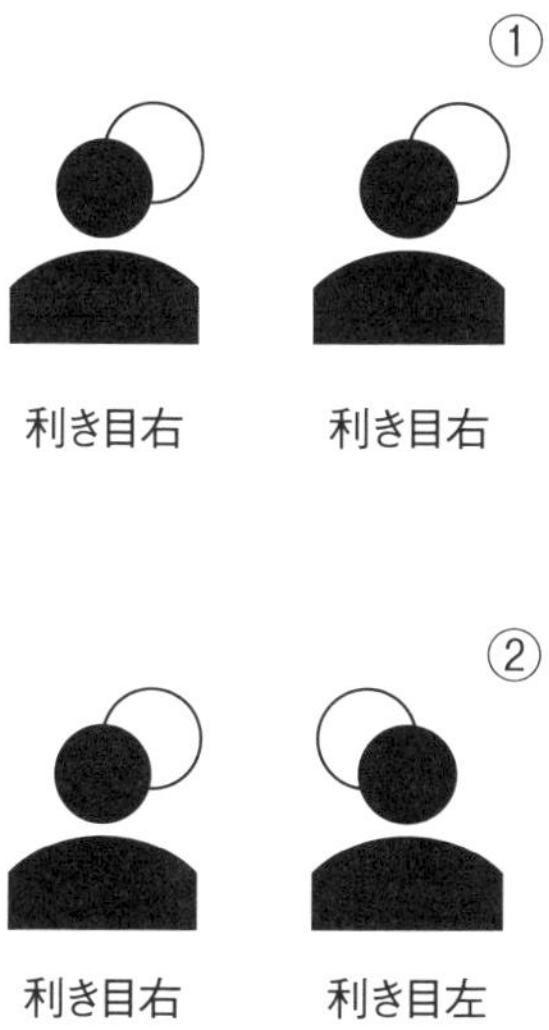

①

利き目右　利き目右

②

利き目右　利き目左

一般的に、**利き目のほうが利き目でない目よりも目力が強かった**。

右の図は利き目側、つまり目力が強い側に○印をつけ、①は利き目右同士が向こう側を向いている状態を表しているのに対し、②は利き目が異なる者同士が並んでいる状態を表している。

①の並列配置は、目力の強弱が合っているので、なじみやすいのに対し、②の並列配置は目力が強い方向同士でぶつかるため、違和感を抱きやすい傾向にある。

概して、このような感覚的領域は当事者のほうがよくわかっている場合が多い。なんとなく居心地の悪さを感じやすいのだ。

最後に並行作業と共同作業について、触れておこう。

どちらも作業細分化と密接な関係がある。**並行作業は皆が同じ場所で同じ作業を個々で行う作業形態であるのに対し、共同作業はひとつの作業を複数人で行う作業形態になる。**

先ほどの除草の例は、皆が同じ軍手で草を抜く作業をしていたので、並行作業に分類される。

では、レタスの定植を次のように作業細分化した場合はどうなるだろうか。

レタスの定植

土に穴を開ける
苗を植える

　このとき、当事者全員に「土に穴を開け、苗を植える」作業を割当てたなら、除草より難易度は高いが、こちらも同じ並行作業になる。各々の当事者が穴を開け、苗を植えるという同じ仕事をしているからだ。

　並行作業の形態をとるメリットは、もしその作業が苦手な当事者がいても、皆が同じ作業をしているので、それを見本として真似ることができる点にある。

　一方、当事者Aさんに「穴を開ける」ロールを与え、当事者Bさんに「苗を植える」ロールを与えた場合は、共同作業になる。当事者Aさんはひたすら穴を開け続け、当事者Bさんはひたすらレタスの苗をその穴に植え続ける。

　共同作業の形態をとるメリットは、全体の作業が苦手な当事者に対して、適切な仕事を切り出せるという点にある。

　レタスの定植の場合、雑草を抜くのとは異なり、傷をつけてはいけない苗を扱うので、巧緻性も除草より高く、穴を開ける深さもルールとしてあるから、条件数も出てこよう。

　すると、「穴を開け、苗を植える」作業ができない当事者も出てきてしまう。そこで、作業を先ほどのように細分化し、共同作業の形態をとれるのであれば、その定植が苦手な当事者に「穴を開ける」役割を担っていただくと、よく機能する可能性が高い。

　また、その当事者が「穴を開ける」作業に慣れてきたら、今度は「苗を植える」作業も体験していただく。やがて、両方ができるようになったら、改めてその当事者にとっては難易度が高かった「ひとりで穴を開け、苗を植える」作業に改めてチャレンジする機会を提供するとよいのではないか。

　つまり、ワケルとワカルということで、当事者がまだ作業をするのが苦手そうであったなら、それは細分化の合図である。逆に、当事者がその作業をわかってきたのなら、それは**作業の工程数を適切に合わせれば、成長の機会を提供できる**可能性があるということではないだろうか。

ワカルとカワル。

当事者もわかれば、変わっていく。

農作業指示

引き続き援農型のモデルで話を続けたい。

前述したとおり、援農型の場合、農家から支援者、支援者から当事者へと農作業指示が伝達されることが一般的になる。

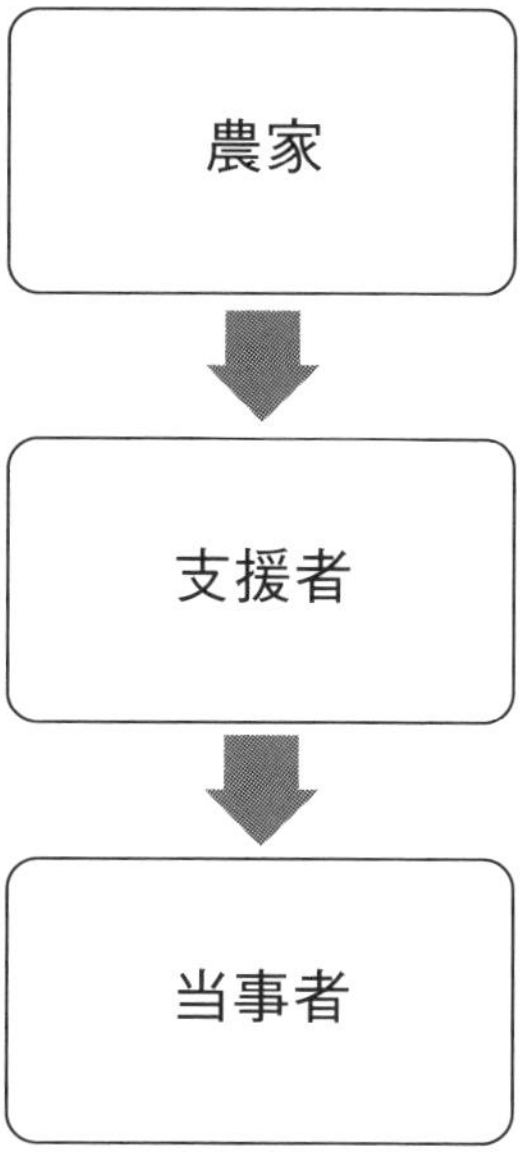

農家
↓
支援者
↓
当事者

そもそも農家と当事者のあいだで架け橋となるのが、支援者のロール（役割）であった。それは福祉的理解がまだあまり充分でない農家が次のように直接、当事者に指示を出しても、当事者はわからない可能性が高いということを意味する。

農家：あそこのセルトレイを持ってきて、バーッと土を入れて、指でくぼみをつくって、一粒ずつレタスの種を入れてくれればよいから。

当事者：……。

そこで、支援者があたかも通訳者のように農家の指示を聞き、当事者にわかりやすく農作業指示をするのである。もちろん、その間、支援者の脳内では、作業細分化で簡単な工程に作業を分け、難易度評価でその難しさを数値化し、作業割当てで当事者の特性に合った適切な作業を任せるといったプロセスを踏んでいる。

すると、支援者は先ほどの農家の作業指示を次のように編集して、当事者に伝えるかもしれない。

支援者：Aさんは私がセルトレイを持ってきますので、土を全体に乗せてから、余分な土を落とし、Bさんに渡してあげてください。BさんはAさんからセルトレイを受け取ったら、ひとつひとつにくぼみをつくっていきましょう。手袋に印をつけたので、その深さの穴をお願いします。Cさんはその穴に種を一粒ずつ入れてください。10時になったら休憩をとりましょう。

当事者：はい！

支援者による**農作業指示のポイントは、指示内容にロール（役割）・ツール（道具）・ルール（約束）を簡潔に盛り込む**ことにある。

つまり、どのような役割の仕事を、どのような道具を使って、どのようなことに気をつけて、進めていけばよいのかを伝えるのだ。

よいチームというのは、このロール・ツール・ルールが必ず共有されている。逆に、チームに違和感を感じたのであれば、ロール・ツール・ルールのどれかが正確に伝わっていないのではと、チェックをされたほうがよいということである。

当事者のロールを明確に割当て、チームで共有することは絶対に行わないといけない。どんな些細なロールでも、その**ロールを任された当事者はやりがいを持って働くことにつながるからだ**。むしろ、チーム内のロールを言葉にしてきちんと伝えることが、支援者のロールといっても過言ではない。

難易度評価でも述べたが、もし当事者が与えたロールをきちんとこなせたなら、巧緻性と最多注意配分数を両輪として、「その当事者ができること」としての記録をしていくことが肝要である。当事者の能力の数値化は他の現場でも非常に参考となるデータになる。

逆に、当事者が与えたロールをまだ担えなさそうであったなら、巧緻性が足りなかったから作業ができなかったのか、最多注意配分数や条件数の配慮が足りなかったからうまく機能しなかったのかなど、**当事者の成長につながる機会**として捉えていくことが大切になってくる。こちらも記録をしていくことで、当事者が長い目で見て、どの程度成長したかもチームで共有できるようになり、**当事者のキャリア形成**にもつながる可能性がある。

このように見ていくと、「作業細分化」と「難易度評価」は**最適なロール**を決める「作業割当て」のための技術としても考えられるのではないだろうか。

ロールが決まれば、ツールもルールもおのずと決まってくる。

そのロール・ツール・ルールの見える化が、まさに支援者による農作業指示である。

直接支援（ティーチングの技法）

本書では、現場の人材育成の方法をその特徴から大きく次の二つに分けることから始める。

人材育成法
- ティーチング（直接支援）
- コーチング（間接支援）

ティーチングとコーチングは共に、当事者がゼロからプラスに変わっていただくきっかけを提供するものになる。他にも、例えばマイナスからゼロにもどすのを目的としたカウンセリングの技法などもあるが、現場で用いられることは少ないので、ここでは扱わない。

ティーチングは主に**伝達**に重きを置き、コーチングは主に**傾聴**や**問い**に重きを置く。

ティーチングというのは、いわゆる学校教育をイメージしていただけるとわかりやすい。学校では、教師が生徒に知識を直接伝達する授業が行われている。より詳細な表現をすれば、教師だけが知っている情報を生徒に伝えていく場である。

世のコミュニケーションが、片方しか知らない情報（新情報）と双方が既に知っている情報（旧情報）とでできていると見たのは、チェコのマテジウス（Mathesius）という言語学者であった。つまり、彼は大胆にも情報を次のように分けたのである。文献で確認できなかったから、やや怪しいのだけれども、私の記憶が正しければ、戦争で家を失い、失明され、寝たきりの状態で、この情報に関する偉大な発見をされた不屈の言語学者ではなかったかと思う。

情報

新情報

旧情報（既知情報）

少し古い言語学的な見方になるけれども、ティーチングの技法というのは、この世界観に近い。英語のほうがわかりやすいので、まず英語で説明すると、例えば、生徒が教師に、

生徒：What is this？（これは何ですか）

と質問したとする。この質問をするということは、生徒は少なくても、this（これ）が目の前にあることはわかっているが、その名前を知らないわけである。すると、教師が、

教師：This is rhubarb.（これはルバーブです）

と生徒の質問に答えたとする。この場合の「this」が旧情報、「rhubarb（ルバーブ）」が新情報になる。なぜなら、ルバーブという名前は、教師だけが知っており、生徒は知らなかったからだ。

今度は日本語の例を出すので、もう少しお付き合いいただきたい。

例えば、ある生徒からこう尋ねられたとしよう。

生徒：どなたが髙草さんですか。

この場合は、生徒は「髙草」という名前だけを知っており、その人物の顔を知らない状態であることが予想できる。したがって、先ほどの「ルバーブ」とは異なり、「髙草」は旧情報になる。

ちなみに、英語は基本的に旧情報から新情報の順番で話されるが、日本語の場合は助詞の「は」や「が」によって、新情報と旧情報の順番が入れ替わる。

閑話休題。話をノウフクにもどそう。

言いたいことは簡単で、**ノウフクにおけるティー**

チングは当事者にとっての新情報を探し出し、それをシンプルに伝えるということである。

ありがちなのが、特に知的の当事者に対して多い傾向にあるが、既に当事者がわかっている旧情報まで、しつこく教え込もうとしてしまう姿勢である。たしかにワーキングメモリの関係で、支援者と当事者のあいだにおける旧情報が少ないときもある。しかし、だからこそ、その当事者がどこまでわかっておいでになるのかといった視点が大切なのだ。

障害の有無に限らず、既に知っていることを永遠と伝えてこようとする人との時間はひどく退屈ではないだろうか。旧情報の伝達は確認程度にとどめておいたほうがよい場合がある。

支援者がその当事者にとって新しい情報を伝えるからこそ、ますます農業が好きになっていくのである。言語活動が苦手な当事者も少なからずいるが、**言語化できなくとも、当事者がきちんと理解されているケースは多い**。

ティーチングがうまく機能している場合、当事者から、

「あの支援者がいてくれたから、成長できた」

等の言葉をいただくことがある。

ティーチングをしてきた努力が報われる瞬間ではないか。

間接支援（コーチングの技法）

一方、コーチングというのは、いわゆるスポーツ選手を導くコーチをイメージされるとよいかもしれない。もっとも、昨今はコーチングと思い込んで、ティーチングをされているコーチも少なくないが、基本的に傾聴と問いで相手の新たな才能を開花させる方法をとる。

問いを重視

ティーチングは答えを重視するのに対し、コーチングは問いを重視する。

したがって、たしかなコーチは決して自分の知識や価値観を相手に押し付けたりしない。その支援も

ティーチングと比べて、かなり**間接的**である。

こう考えると、上手な作業割当てもまた、コーチングの一種と見なしてよい部分がある。**当事者にとって、最適な作業割当ては支援者の力を借りずとも、仕事を見事に終わらせることができたという体験と自信につながっていく。**

もちろん、この場合、当事者は、

「自分ひとりで仕事ができましたよ」

といったように嬉しそうに報告してくれることもある。

コーチングの場合は、こちらが支援者への最大の賛辞ではないだろうか。

支援者はジョブコーチとも呼ばれるくらいであるから、当然、コーチングの技法も混ぜていかなければならない。それには、**まず当事者の可能性を信じ切り、話に耳を傾けては、うなずくこと**である。

機会があるならば、「最近、楽しいことあった？」や「最近、モヤモヤすることあった？」等の質問を当事者にし、**1分間程度、うなずくだけで話を聞いてみる**とよい。沈黙の間ができてしまって、多少気まずくなっても、聞く姿勢を保ち、当事者が再び何か話したら、うなずくことを繰り返して欲しい。

うなずきこそ、傾聴の第一歩なのだ。

たとえ言語活動が苦手な当事者でも、うなずきであったなら、その相手を受け入れようとする姿勢は伝わる可能性が高い。

例えば、圃場で嬉しそうによく動かれる方は少なくない。一見すると、おひとりで踊っているようにも見受けられることもある。

少なくとも、私はそのような印象を受けて、しばらく眺めていたのだが、あるとき、そのような当事者の近くでうなずいていると、彼は別に踊っていたわけでなく、畑に映ったご自身の影と対話されていることがわかった。

当事者の顔を見ると、「やっとわかったの」という顔をされていたように私には見受けられた。その後、私は一緒にお互いの影を重ね合わせたりし、しばし遊んだ。

おそらく、この出来事がきっかけであったのだろう。以来、この当事者は私が農作業をしていると、私を真似して、手伝ってくれるようになった。

そして、このとき私は初めて気がついたのだが、影に注意を払うと、実体も変わってくる。簡単な話、自分の影法師で相手の影の頭をなでれば、相手にもそれが伝わる。もちろん相手も影に集注してもらう必要があるが。

私はきっと光ばかりを追ってきて、影を影として見てこなかったのだろう。影は常に私の人生に寄り添っていてくれたにもかかわらず、私は光ばかりを見ていたことに気がつかされた一場であった。

やるべき農作業ができている・できていないという基準だけで当事者を眺めてしまえば、どうしてもティーチングをしたくなってしまう。

しかし、その前に当事者がどのような世界観で生きているのかに興味を抱くことは、大変重要なことである。

一般的に、健常者の世界は正しいとされている。それは、「健常」という傲慢な言葉にも表れていよう。

しかし、その健常さがもたらした世界は、確実に持続可能でない道を辿っている。このままの生き方ではもたないと皆が本能的にわかり始めたが故に、不自然なまでのSDGsが世界中で流行っているのではないか。

もし、このような仮説が立つのであれば、おそらくまず変わるべきは、いわゆる健常者のほうで、そのヒントは当事者たちが見ている世界にある可能性は大いにある。

支援者が当事者をただ単に教える対象としてしか見れないのであれば、おそらくノウフクは衰退するであろう。しかし、支援者が当事者と今ここで出会った意味を考え、多様な才能の花がひらくにはどうしたらよいのかと動いたならば、日はまた簡単に昇るのである。

問いの技法

そのためには、次の**問いの技法**が肝要になってくる。

答えを持った民族は滅び、問いを持った民族は生き残った。

これはネイティブ・インディアンの詩にあった言葉だが、まさに時代は、人類が生き残るための問いを問うている。

それはある意味、答えを出してはいけない問いなのかもしれない。これが答えだと言語化した途端に、私たちは問いを持った民族から、答えを持った民族へともどってしまう。

答えを言語化した瞬間、真理は消えてしまうものだ。

だからこそ、問いは問いのままとっておき、多様性は多様なままとっておくという姿勢が重宝される。そして、このような問いは、まさにコーチングに愛される問いである。

コーチング的な問いとは、**オープンクエスチョン**のことになる。

オープンクエスチョンはいわゆるイエス・ノーで答えられない類の問いで、短くてダイレクトなものが多い。例えば、次のようなものがある。

- 今、何を感じているか。
- あなたにとって、大切なものは何か。
- 望みどおりの存在になれるとしたら、何になるか。
- そこには、どのような景色が広がっているのか。
- その問題が実は問題ではなかったら、何がしたいか。

問いをご覧いただいて、気付かれたかもしれないが、「なぜ」という因果関係を論理的に問うよりも、「何」を用いて、イメージを補助しながら、身体感覚や気持ちに焦点を当てた問いが多い。

このような問いが、相手の傍らにいながら傾聴できる関係性を築いていくきっかけになるのである。

サブパーソナリティ

ところで、コーチングの際によく使われるのが、「私」の細分化になる。細分化された「私」はサブパーソナリティ（通称サブパ）と呼ばれる。つまり、「私」を分けて、たくさんの私をつくるということである。

一説には、サブパーソナリティは平均５０００程度おいでるというから、５０００もの「私」が、ひとりの人間としての私の中にいると表現したほうがよいだろうか。メインとなる私が指揮者としていて、その後ろに５０００ものちいさな「私」（サブパーソナリティ）が各々、音を出したくてウズウズしているといったイメージが当てはまるかもしれない。

例えば、誰だって、仕事をしているときと、遊んでいるときと、休んでいるときとでは、性格的なものは異なる。これは仕事をしているときが演じている私で、遊んでいるときが本来の私という話ではない。仕事のときに出てくるサブパーソナリティがおり、遊んでいるときに出てくるサブパーソナリティがいるだけである。

また、場所や場面に関係なく、「モジモジしてしまう私」や「無邪気な私」、「天才的な私」などのサブパーソナリティが、気まぐれに顔を出してくることもあるだろう。まだ、名前もない、メインパーソナリティの私が気付いていない「私」も少なくないに違いない。なんといっても、５０００もサブパーソナリティがいるといわれているのだ。

もちろん、たくさんの「私」がいるのだから、たくさんの「あなた」もいる。

要は、あの人と相性がよいとか悪いとかいうのは、お互いのサブパーソナリティが合っているか否かだけのことである。だから、コーチは「あの人のこと、嫌い」といったような人の全体性を否定する言葉はあまり用いない。コーチ同士の会話であれば、「どうもあの人のサブパがね……」と言うなど、たくさんの「あなた」の一部が苦手といった世界観を共有する傾向にある。

さて、当事者との関係性がうまくいっていないときは、どうすればよいのであろうか。お互いのサブパーソナリティが合っていない状況といえよう。

その際は、ご自身のサブパーソナリティを変えて試してみるとよいかもしれない。その当事者に合ったサブパーソナリティが、きっと読者の中にもいるはずである。

私の場合は、サブパーソナリティと呼吸を結びつけて、たくさんの「私」の編集を行っている。呼吸の種類も、現代日本では減ってしまったが、中国か

ジョハリの窓

		当事者	
		知っている	知らない
支援者	知っている	確認の問い（開放の窓）	誘導の問い（盲点の窓）
	知らない	収集の問い（秘密の窓）	気付きの問い（未知の窓）

ら輸入した腹式呼吸や日本古来の呼吸とされている密息の他にも、たくさんの呼吸があるはずであろう。

例えば、鼻で限界まで息を吸っていただいたあと、そのまま息を吐かずに口からさらに息を吸うと、先ほど限界まで吸ったはずなのに、なぜか息が吸えたりする。

このように新しい呼吸を探しては、新しいサブパーソナリティを見つけていくのも、なかなか面白い内面的な旅となり得る。

以上、直接的なティーチングから間接的なコーチングを説明してきた。前者は他動詞的で、後者は自動詞的である。**当事者の自立支援のためには、やはり間接的な要素を増やし、徐々に距離をとっていくべきではないだろうか。**

ジョハリの窓

ティーチングもコーチングも、どちらが正しいとかではなく、そもそも目指すべき場所が異なる。最後は、ジョハリの窓を使って、そのゴールとなる状態をご紹介し、この話を閉じたい。

ジョハリの窓は、よく自己分析に用いられる表になる。

１９５５年に心理学者のジョセフ・ルフト(Joseph Luft）とハリ・インガム（Harry Ingham）が発表したもので、ジョハリ（Johari）はふたりの名前を合わせたものだ。

心理学の本ではないので、詳しくは説明しないが、ティーチングはいわば支援者が当事者に新情報を次々と伝えることで、支援者しか知らない「盲点の窓」から、支援者も当事者も共に知っている「開放の窓」へと移そうとする動きになる。

一方、コーチングのほうは、支援者も当事者も共に知らぬ「未知の窓」への旅とも言える。

コーチングを分母にした場合の支援者の理想は、間接支援の完成形でもある、そこに支援者がいるだけでチームが機能するといった現場をつくることであろう。支援者がたとえ一歩も動かず、一言も発せずとも、当事者がやりがいを感じながら、安全に安心して働いているのだ。

洛書の図

4	9	2
3	5	7
8	1	6

洛書の図

それはちょうど洛書（らくしょ）の図の中央、５の位置に支援者がいるイメージに近い。洛書とは、縦・横・斜めの和がいずれも15になる魔方陣になる。15には子孫繁栄の意味もあるから、歴代の中国皇帝用のモデルともなった図である。

洛書では、陽数（奇数）が1・3・9・7と3倍間隔で時計回りに、陰数（偶数）が2・4・8・6と反時計回りに2倍間隔で回転している（10の位はゼロと考えて省略）。つまり、洛書は5を中心に、ふたつのベクトルが異なる円が循環している図でもある。

　このモデルをノウフクに当てはめれば、中央の5に支援者がおり、その周りに農業と福祉の異なる円が向きは違いながらも、なじみながら回っているということではないか。

　むろん、最初から支援者が動かず、話さずでは、支援の支の字にもならない。

　農家や当事者からの信頼を得つつ、1をはじめとした奇数はあるべきところに、2をはじめとした偶数もあるべきところに配置し、それぞれに適切な作業を割当てたからこそできる循環である。

　以上、作業割当てを見てきたが、たしかな支援者になるほど、動きは少なくなり、それと反比例して、当事者はやりがいをもって動くようになる。当事者の中には、仕事や役職を任されるといった経験がない方は珍しくない。

　しかし、支援者が持続可能な間接支援を続けていくならば、当事者も自分たちで仕事ができるようになったと感じる機会も増えるであろう。

　また、**よきチームというのは、静かなものである。**

　それは、なじめばなじむほど、人の気配は薄らぐという法則が働くためだと私は見ている。昨今は、自分の存在感を示すのに躍起になっている方が多いが、昔の日本人はまったく逆の価値観で動いており、存在を静かにできて初めて一人前と認める風潮があった。

　したがって、支援者が当事者となじみ、そのチームが広大な自然となじめばなじむほど、皆、淡々とした仕事ぶりになっていく。

　これが古き佳き日本が愛でた和敬清寂なのではないだろうか。

　このような古風な視点も、多様性の端っこにでもつけ加えてくださったなら、幸いである。

合理的配慮

ここからはしばらく福祉から見たノウハウを展開していきたい。
改めて当事者の定義から見ていこう。

- 障害者の権利に関する条約（政府仮訳）

第一条　目的（抄）
障害者には、長期的な身体的、精神的、知的又は感覚的な障害を有する者であって、様々な障壁との相互作用により他の者と平等に社会に完全かつ効果的に参加することを妨げられることのあるものを含む。

- 障害者基本法（昭和45年法律第84号）

（定義）
第二条　この法律において、次の各号に掲げる用語の意義は、それぞれ当該各号に定めるところによる。
一　障害者　身体障害、知的障害、精神障害（発達障害を含む。）その他の心身の機能の障害（以下「障害」と総称する。）がある者であって、障害及び社会的障壁により継続的に日常生活又は社会生活に相当な制限を受ける状態にあるものをいう。
二　社会的障壁　障害がある者にとって日常生活又は社会生活を営む上で障壁となるような社会における事物、制度、慣行、観念その他一切のものをいう。

- 障害者自立支援法（平成17年法律第123号）

（定義）

第四条　この法律において「障害者」とは、身体障害者福祉法第４条に規定する身体障害者、知的障害者福祉法にいう知的障害者のうち18歳以上である者及び精神保健及び精神障害者福祉に関する法律第５条に規定する精神障害者（発達障害者支援法第２条第２項に規定する　発達障害者を含み、知的障害者福祉法にいう知的障害者を除く。以下「精神障害者」という。）のうち18歳以上である者をいう。

—厚生労働省ホームページより引用

現在（２０２４年）、当事者の総数は約９６４万人であり、人口の約８％に相当している。当事者数全体は増加傾向にあるが、働いている当事者は１割程度におさまっている。したがって、働きたくても働けない当事者も潜在的に多いことも予想されている。

いわゆる三障害ごとの人口は次のとおりである。

- 身体障害者：約四三六万人（約四十五％）
- 知的障害者：約百九万人　（約十一％）
- 精神障害者：約四一九万人（約四十四％）
- 合計　　　：約九六四万人

—厚生労働省「障害福祉分野の最近の動向（２０２２年）」を参照

ノウフクに係る障害をお持ちの方という定義は、単純に**障害者手帳をお持ちか否か**で判断されればよい。

各々はその支援方法と共に詳しく述べていくけれども、簡単に特徴を説明しておくと、以下のようになる。

身体障害は、身体機能の一部に不自由があり、日常生活に制約がある状態を指す。肢体不自由、視覚障害、聴覚障害、内部障害等がある。

知的障害は、日常生活で読み書き計算などを行う際の知的行動に支障がある状態を指す。知能指数が基準以下のときに認定される。

精神障害は、脳及び心の機能障害によって起きる精神疾患によって、日常生活に制約がある状態を指す。本書では精神障害の中に、発達障害を含むものとする。先天的な脳の機能障害で、自閉症スペクトラム障害や注意欠如、多動性障害、学習障害等がある。

第1章では、作業細分化によってできた工程を、巧緻性と最多注意配分数を両輪として、難易度評価をした。続いて、第2章では、当事者の特性に合わせた作業割当てをお伝えしているわけだけれども、ここまでがいわゆる**農福連携技術支援者の「技術」**になる。

技術には型があり、その型を繰り返し用いることで模倣が可能である。その型とは、**「分けて、目星をつけて、役割を与える」**といったことになる。これはノウフク以外にも有効な型なので、ぜひ身につけていただきたい。

ところで、２０２４年より**合理的配慮の提供が義務化**（国連の障害者権利条約に記されており、日本も批准）されている。

> 障害者差別解消法では、障害がある人への「不当な差別的取扱い」を禁止し、「合理的配慮」及び「環境の整備」を行うこととしています。そのことによって、障害のある人もない人も共に生きる社会（共生社会）を目指しています。
>
> ―内閣府ホームページより引用

このような配慮は当然、ノウフクの現場にも求められる。

間接支援でもお伝えした建設的な対話等をとおして、当事者の特性に合わせた環境の整備を進めていくことで、地域共生社会の実現がなされていくのではないだろうか。

当事者の特性に配慮しながら、それぞれに適した作業割当てを心がけてくださったなら、幸いである。

鍵と鍵穴を一致させるということだ。

身体障害

身体障害は三障害の中で、最も詳細に定義がなされている。
少々長いが、こちらも引用しておこう。

●身体障害者福祉法(昭和24年法律第283号)
(身体障害者)
第四条　この法律において、「身体障害者」とは、別表に掲げる身体上の障害がある18歳以上の者であつて、都道府県知事から身体障害者手帳の交付を受けたものをいう。
一　次に掲げる視覚障害で、永続するもの
1　両眼の視力(万国式試視力表によって測ったものをいい、屈折異常がある者については、矯正視力について測つたものをいう。以下同じ。)がそれぞれ0・1以下のもの
2　一眼の視力が0・02以下、他眼の視力が0・6以下のもの
3　両眼の視野がそれぞれ10度以内のもの
4　両眼による視野の2分の1以上が欠けているもの
二　次に掲げる聴覚又は平衡機能の障害で、永続するもの
1　両耳の聴力レベルがそれぞれ70デシベル以上のもの
2　一耳の聴力レベルが90デシベル以上、他耳の聴力レベルが50デシベル以上のもの
3　両耳による普通話声の最良の語音明瞭度が50パーセント以下のもの
4　平衡機能の著しい障害
三　次に掲げる音声機能、言語機能又はそしゃく機能の障害

１　音声機能、言語機能又はそしゃく機能の喪失
２　音声機能、言語機能又はそしゃく機能の著しい障害で、永続するもの
四　次に掲げる肢体不自由
１　一上肢、一下肢又は体幹の機能の著しい障害で、永続するもの
２　一上肢のおや指を指骨間関節以上で欠くもの又はひとさし指を含めて一上肢の二指以上をそれぞれ第一指骨間関節以上で欠くもの
３　一下肢をリスフラン関節以上で欠くもの
４　両下肢のすべての指を欠くもの
５　一上肢のおや指の機能の著しい障害又はひとさし指を含めて一上肢の三指以上の機能の著しい障害で、永続するもの
６　1から5までに掲げるもののほか、その程度が1から5までに掲げる障害の程度以上であると認められる障害

五　心臓、じん臓又は呼吸器の機能の障害その他政令で定める障害で、永続し、かつ、日常生活が著しい制限を受ける程度であると認められるもの

―厚生労働省ホームページより引用

身体的な特性をお持ちの当事者がノウフクをすることによって、特に後天性のものに関しては、リハビリテーション効果による身体能力の向上が確認できる場合が少なくない。

特性上、巧緻性が高い作業は適さない場合もあるものの、逆に、最多注意配分数や条件数の多い収穫や作業管理等で活躍される方もおいでになる。したがって、現場では「当事者」のロールの他に、「支援者」も兼ねていただける場合もある。

視覚障害をお持ちの当事者は、触覚が優れている傾向にある。圃場では、**触覚による動線づくり**や手すり等の設置による安全管理に配慮されたい。また、弱視の方には、支柱等にＣＤやアルミ缶をつけたり

するなどして、**光の反射を利用した環境整備**も大切になってくる。

　特に、コロナ禍以降は接触拒否の時代へと移ろってきている。しかるべき衛生管理はしながらも、どのような目印が圃場にあると、安全に安心して作業がしやすいか、当事者と建設的な対話をしていく必要がある。

　聴覚障害をお持ちの当事者は、視覚が優れている傾向にある。ノウフクの現場では、ヒヤリハットする場面が少なからずあるけれども、聴覚障害をお持ちの当事者のほうが視覚的な違和感に鋭く反応され、事故を未然に防げるケースも少なくない。

　コミュニケーションの基本が手話になることから、「支援者」も手話ができたほうが望ましい。あるいは、聴覚障害をお持ちの当事者ばかりを集め、手話が第一言語のような場をつくるのも有効である。

　上肢が不自由な当事者が農業をされる場合は、「両手の使用」を基準として、改めて作業細分化した工程の難易度評価を見直す必要がある場合がある。脇で物を挟めるか否かも、作業割当てを決める上で重要な要素となり得る。

　一方、下肢が不自由な当事者が農業をされる場合は、「作業姿勢」を基準として、同様に難易度評価を見直す必要があるかもしれない。傾斜のある圃場を避ける配慮や車いすの高さに合わせた作業台の調整等も視野に入れていただきたい。

　内部障害をお持ちの当事者は、外見からはわからないが、疲労が出やすかったり、トイレが不自由であったりする傾向がある。適切な休憩時間がとれるルールづくりであったり、作業する圃場近くにトイレがあることや、そのトイレに行きたいと言える雰囲気づくりも肝要であろう。

　また、熱中症対策もしっかりと行いたいところである。昨今は首を冷やす対応がなされることが増えたが、昔は首にタオルなどをまいて、首を温めることが熱中症対策の基本であった。どちらの考えをとるかは、支援者同士で相談すべき事項である。ちなみに私は後者を採用しており、夏場は襟つきのシャツにタオルをまいて、農作業をしている。

知的障害

知的障害の定義は、以下のとおりになっている。実は、18歳以上の知的障害を定義している法律は少ないため、ここでは特別支援学校に係る定義を引用することとする。

> 知的障害とは、一般に、同年齢の子供と比べて、「認知や言語などにかかわる知的機能」の発達に遅れが認められ、「他人との意思の交換、日常生活や社会生活、安全、仕事、余暇利用などについての適応能力」も不十分であり、特別な支援や配慮が必要な状態とされています。また、その状態は、環境的・社会的条件で変わり得る可能性があると言われています。
>
> ―文部科学省ホームページより引用

また、その判定基準は以下のとおりである。

- 軽度知的障害：ＩＱが51〜70
- 中度知的障害：ＩＱが36〜50
- 重度知的障害：ＩＱが21〜35
- 最重度知的障害：ＩＱが20以下

知的な特性をお持ちの当事者がノウフクをすることによって、ストレスの軽減や睡眠の質の向上が見られることが多く、生活の安定につながる傾向がある。

特性上、ワーキングメモリが少ないことがあるので、最多注意配分数が多い農作業に関しては向かない傾向にあるが、単純作業でも集中力が持続できる才能をお持ちの方もいる。運搬等の体力が必要な作業の割当ても機能しやすい。また、最初は当事者にとって難しい作業でも、同じ動作を繰り返し行うことによって、脳地図が変化（脳の可塑性、つまり脳内に新たなネットワークを構築する）し、作業ができるようになるケースも散見できる。

言語によるコミュニケーションが苦手な方も少なくないので、写真や図などを用いて、利き目が左の方（右脳型）向けの支援をされると、当事者の理解が深まる傾向がある。

条件数の多い判断が必要な作業（色や大きさを基準とした収穫、色や枯れ具合を基準とした下葉処理、まく量が決まった灌水等）が苦手な場合が多いので、作業割当てでそのような仕事にならないようにするのも大切だが、同時に「支援者」がその判断の部分だけを担い、当事者の傍らで「できてますよ」とか「大丈夫」等の声掛けをし、繰り返し同じ作業をしていくことで、その農作業に関しては判断能力がつくことが少なくない。

いずれにしろ、「支援者」の**農作業指示の仕方**は重要である。

当事者本人も自分で判断して仕事をさせてもらえる経験に乏しい場合が多く、反復練習で判断が必要な農作業ができるようになると、非常に自信がつき、仕事にやりがいを感じていただける。

こうなっていくと、仕事の効率性もほとんど農家と変わらなくなり、かつ同じ作業を集中して長時間できるケースもあるので、戦力となるノウフクにも近づくことができる。

重度に知的を障害をお持ちの方が同様の後輩を教える事例もあるので、その**農作業限定のリーダー**の役割を担っていただくのも「支援者」は検討すること。

ただ、仕事に熱中し過ぎるあまり、ご自身の疲労に鈍感な方もいる。あらかじめ休憩時間を何時から何時までと決めるようにして、疲労回復ができる時間をアフォーダンス的にとる現場づくりも肝要である。

また、休日もその農作業をしたがる場合もある。その農作業においては、全体が見え、自分の役割があり、人から「ありがとう」と言われることが多い反面、休日の過ごし方が自分でわからないためかと思われる。そのような場合も、建設的な対話を通して、きちんと休んでいただけるようにすることが肝要である。

なお、表紙カバー袖の写真にあるように、ペットボトルがジョウロとして使えるキャップをし、灌水の量を調整しやすいように工夫した道具を用いていただくことで、ツールによる農作業の補助ができる可能性を模索していくことも忘れてはならない。

工程を固定し、ガイドに沿ってツールを扱っていくことを治具という。読み方が「じぐ」と濁るのは、英語 jig を当て字にしたときの名残であろう。jig 自体は釣りなどでよく使われる英単語で、「上下や前後に動かす」ことを指す。

したがって、治具自体も本来は方法である。**作業細分化によって、特に条件数を配慮した工程を固定すること**。そして、ガイドも言葉によるマニュアルを用意するのと同時に、映像や写真、イラスト付きのマニュアルを作成されるのも合理的配慮の一環である。

昨今は、**スマート農業×ノウフク**の可能性にも注目が集まっているので、機械を操作する上で、知的に障害をお持ちの当事者ができそうであれば、その可能性も模索していくと、将来的に面白い。

精神障害

精神障害の定義は次のとおりになる。前述したとおり、本書では発達障害も精神障害の中に入れて分類するので、注意されたい。

> ・精神保健及び精神障害者福祉に関する法律
> （昭和25年法律第１２３号）
> （定義）
> 第五条　この法律で「精神障害者」とは、統合失調症、精神作用物質による急性中毒又はその依存症、知的障害、精神病質その他の精神疾患を有する者をいう。
> ・発達障害者支援法（平成16年法律第１６７号）
> （定義）

第二条　この法律において「発達障害」とは、自閉症、アスペルガー症候群その他の広汎性発達障害、学習障害、注意欠陥多動性障害その他これに類する脳機能の障害であってその症状が通常低年齢において発現するものとして政令で定めるものをいう。

２　この法律において「発達障害者」とは、発達障害を有するために日常生活又は社会生活に制限を受ける者をいい、「発達障害児」とは、発達障害者のうち18歳未満のものをいう。

３　この法律において「発達支援」とは、発達障害者に対し、その心理機能の適正な発達を支援し、及び円滑な社会生活を促進するため行う発達障害の特性に対応した医療的、福祉的及び教育的援助をいう。

•発達障害者支援法施行令（平成17年政令第１５０号）

（発達障害の定義）

第一条　発達障害者支援法第２条第１項の政令で定める障害は、脳機能の障害であってその症状が通常低年齢において発現するもののうち、言語の障害、協調運動の障害その他厚生労働省令で定める障害とする。

•発達障害者支援法施行規則

（平成１７年厚生労働省令第81号）

発達障害者支援法施行令第１条の厚生労働省令で定める障害は、心理的発達の障害並びに行動及び情緒の障害（自閉症、アスペルガー症候群その他の広汎性発達障害、学習障害、注意欠陥多動性障害、言語の障害及び協調運動の障害を除く。）とする

―厚生労働省ホームページより引用

精神に障害をお持ちの当事者がノウフクをすることによって、精神的なリハビリテーション効果や生活の安定につながる場合がある。

特性上、長時間の反復作業やマルチタスク、共同

作業等が苦手な方もいるが、判断能力が高く、農機具の操作や車の運転をする場合もある。「支援者」は作業に入る前に、服薬をしたか否かの確認をする必要があるものの、その服薬のために、動作が緩慢な方もおいでになる。

　こだわりが強い方への作業割当ては、点検や計量等の細かい作業に目星をつけて行うと、機能する可能性が高い。例えば、果樹や花に傷があるか否かのチェック等では、才能を発揮されている事例も多い。

　対人関係が苦手な方も少なくないので、**作業割当ての際の配置に注意しながら、巧緻性の高い工程を担っていただくのも、当事者の才能を開花させる方法として有効**であろう。また、判断能力があることを活かし、知的に障害をお持ちの当事者とチームを組み、その農作業に係る「判断」の部分を担う可能性も模索されたほうがよい。

　しかし、知的に障害をお持ちの当事者のときと同様、ご自身の疲労に気付かれないケースや言葉による理解が苦手な方もいるので、休憩時間に係るルールの共有や**写真やイラストなどを用いた作業手順書の準備**もしておくとよい。また、**休憩場所もパーテーション等で区切り**、当事者が多くのものに注意を払わないようにする工夫も大切になってくる。

　日々の農業においては、天候等で急な作業の変更を余儀なくされることが少なくない。このような変更に弱い当事者の方もいるので、**変更点のみをすみやかに伝える農作業指示**も「支援者」は配慮したいところである。そのためには、日頃から、**曖昧な農作業指示を避ける**という姿勢も重要となってくる。

- ロール（役割）
- ツール（道具）
- ルール（約束）

　といった具合に情報を分け、時間や場所の変更、農作業の変更、農機具の変更等、具体的な変更点をわかりやすく言語化するようにしていただきたい。

◆面影・第2章ノート

第1章では、農業を細分化し、本章では福祉を細分化してきた。

これにより**農作業の工程と当事者の特性を組み合わせる**ことが可能となり、作業割当てができるようになった次第である。

当事者への農作業指示はティーチング的な要素を強め、簡潔でわかりやすく、その当事者に関係がある情報のみを伝えることが重要であった。そのためには、ロール・ツール・ルールと情報を三つに分ける型を身につけていただき、チームでの情報共有もその型に沿った形で行われるのが理想になる。

その一方で、当事者の特性の中に才能を見つけ、それが開花する支援をすることも「支援者」の大切な仕事であろう。その方法は、多様な当事者の特性によってそれぞれ異なるので、こちらはややコーチング的寄りな支援が求められるところである。

また、当事者が安全に安心して働ける環境をつくるためには、配置も大事な要素であった。まず「支援者」がどこにいれば、安全管理がしやすいのか。次に、「当事者」をどのように配置したら、効率性が上がるのか等を考えていく必要がある。配置が決まれば、動線もお伝えしなければならないだろう。どこから、どこまでのロールを任せるのかも、明確にされたほうがよい。

NOUFUKU

第3章

連携のモデル

〜カワルガワル〜

連携のモデル

農業ならびに福祉の細分化を経て、それぞれの理解が深まったであろうか。もしそうならば、幸いであるが、それだけでは単に農業と福祉の足し算にしかならず、真の連携にならないこともあるかもしれない。

そこで、第3章では掛け算の連携となるようなノウフクのモデルを共有していくこととする。

掛け算のノウフクとは、農業が福祉によき影響を与え続け、福祉もまた農業によき影響を与え続け、相互に編集が行われる連携のことを指す。

それは異なる者同士が手をとり合ったことによる掛け算である。

したがって、多様が大事だからという理由で、一様を排除するのは本来の多様ではない。客観を重視して、主観を排除するのも同様に多様ではない。わからないものを、全てわかりやすく見える化しようとするのも、不自然であろう。

要は、**相手を排せず、変えず、多様のまま手をとり合っていく姿**こそ、私が言うところの連携である。身体的に言うならば、互いになじむことによって、その実現は可能となってくる。

繰り返しで恐縮だが、モデルという以上、それを真似ることは可能になる。既にノウフクの優良事例は毎年表彰されるノウフクアワード受賞者（農福連携等応援コンソーシアム選定）を中心として、数多く存在する。

第3章では、その中で憧れるモデルであったり、取り入れたい要素があったときに、そのモデルを真似る方法も共有していきたい。

さて、このような農業と福祉の連携をコーディネートする役割の方を、**農福連携コーディネーター**という。

本書では、これ以降「コーディネーター」と表記していくが、**これまで述べてきた「支援者」とは異なる役割なので、混同されぬよう注意されたい。**

コーディネーターはカワルガワル（代わる代わる）農家や福祉関係者と会っていかなければならない。もっと言うならば行政やＪＡ、特別支援学校、特例子会社の方々ともカワルガワル会う必要がある。なぜなら、そのあいだにある垣根を少しずつとり払う必要が生じるからである。

その意味ではコーディネーター自身もカワルガワル、サブパーソナリティを移ろわせていき、全体の和合を深めていく。

ノウフクの現場が成功するか否かの鍵は、支援者にかかっているが、ノウフク事業全体の成功の可否は、コーディネーターが握っている。しかしながら、コーディネーターは属人化していることが多く、あの人がいたから、その地域のノウフクが成功できたという事例ばかりなのは否めない。逆に言えば、その方がご異動になってしまったら、ノウフクは衰退するかもしれない。

そこで、本章では、コーディネーターの人材育成についても触れていきたい。

コーディネーターは**農園型障害者雇用**に対しても、ご自身の考えを言語化できるようにされたほうがよい。なぜなら、農園型障害者雇用を問題視する方も少なくないからだ。

本書では、この農園型障害者雇用とノウフクを分けて考えていく。

農園型障害者雇用は、これ以降、「農園型」と表記することとし、ノウフクは依然として、「ノウフク」と表していく。

それでは、連携のモデルを見ていこう。

モデルの細分化

最近のノウフクはユニバーサル農業、ユニバーサル農園のような広がりもみせ、そのモデルは複雑多岐にわたっている。ノウフクのモデルもまた非常に多様なのだ。

多様なことはよいという風潮があり、私自身も賛同するところではあるものの、途中から参画する者にとっては、あまりに多様であると、どこから始めてよいかわからなくなってしまう傾向にある。

そこで第1章からずっとやってきたことであったが、わからなかったら、分けるということで、モデルも細分化して考えることにする。正確に数えたことはないが、細分化次第では、ノウフクのモデル数は少なくとも50近くになるのではないか。

しかし、これは細分化する際の鉄則であった「物事を二つか、三つに分ける」というルールに反してしまう。したがって、本書ではノウフクのモデルをシンプルに**援農型**と**自前型**の二つに分けることとした。

ノウフク
- 援農型
- 自前型

両者の差は、当事者が移動するか否かが基準になる。

一時期、ノウフクは援農型のみを指していた時期も見受けられたが、現在はいわゆる自前型もノウフクに含むのが一般的となった。本書においても、ノウフクは自前型も含めて綴っていく。

ある法人の事務所に当事者が集まり、そこから徒歩や車、電車などで移動して、地域農家の圃場で農業をする体制であったなら、これは援農型に分類される。

一方、ある法人が自前で圃場を有しており、そこに当事者が集まって、農業をする体制であったならば、これは自前型に分類される。この際の圃場は、

当事者など四つのロール分け

登場人物	農家
	当事者
	支援者
	コーディネーター

借りていても、所有していても、どちらでも構わない。

また、ノウフクにおけるロール（役割）も再度、確認しておいたほうが連携モデルもよりわかりやすくなるであろう。

ノウフクにおいては、**農家・当事者・支援者・コーディネーターの四つのロールに分けると**、ノウフクがわかりやすくなった。

個人で考えるなら、単純に4名の登場人物がいれば、ノウフクを始められるということであるが、例えば、農家が支援者とコーディネーターのロールも担えるということであれば、この場合は、農家と当事者の2名だけでも、ノウフクと言えるかもしれない。いわゆる直接雇用型である。

農家のロールは、ノウフクにおける農業の領域を促進する役割になる。**農地**を有していること。あるいは、農的知識を有し、現場に共有する**農業指導士**もこのロールに含まれる。これ以降、ロールとしての農家は、**「農家」**と表記することとする。

当事者のロールは、障害をお持ちの方だけでなく、

シニアや引きこもりの方、リワーク（職場復帰）中の方、かつて法を犯してしまった触法者、外国人など、生きづらさを抱える多様な方々を含む。これ以降、ロールとしての当事者は、**「当事者」**と表記することとする。

支援者のロールは、当事者の傍らで、当事者が安全に安心して、かつやりがいを持って働けるよう支援する役割のことを指す。これ以降、ロールとしての支援者は、**「支援者」**と表記することとする。

コーディネーターのロールは、この後、詳しく述べていくが、農家と当事者を始めとして、異なるロール同士をなじませ、持続可能な形になるようマッチングしていく役割になる。人と人とのマッチングだけでなく、農地と事業所とのマッチングや、伝統野菜と地域とのマッチング等、ノウフクに係る多様なマッチングを担っていく。これ以降、ロールとしてのコーディネーターは、「**コーディネーター**」と表記することとする。

したがって、**ロールは個人だけでなく、法人も担うことができる。**

例えば、企業参入型の例で考えれば、「コーディネーター」を親会社が担い、「支援者」を障害者雇用をしている子会社が担ってもよいわけである。この場合の子会社は、当事者社員がいるから、当事者と支援者の二つの役割を担えていることになる。

このモデルを行うのであれば、自前型が適しているだろうか。

あるいは、地域のＪＡが「コーディネーター」を担い、当事者と「支援者」を担う福祉事業所に、適切なマッチングができそうな農家を紹介するというモデルも機能しそうである。

こちらのモデルを行うのであれば、援農型しかないであろう。

いずれにしろ、自前型ノウフクをするのか、援農型ノウフクをするのか、比較的早い段階で決断するのは、「コーディネーター」になってくる。

全体的に、**どのような社会的デザインをすると、ノウフクはより輝くのか**。このような問いを念頭に、連携方法を模索していっていただきたい。

まずは、「コーディネーター」から見ていこう。

コーディネートイメージ

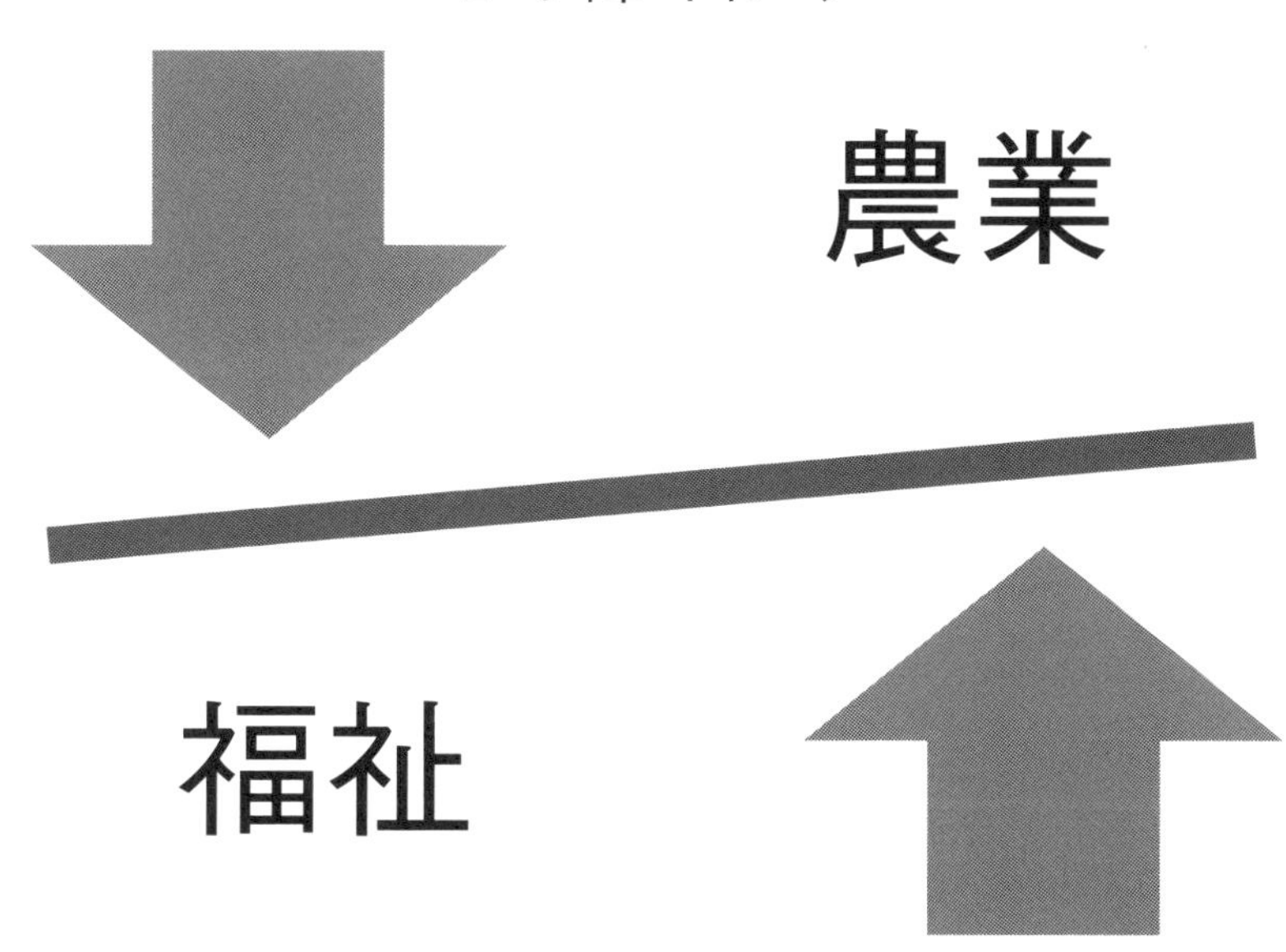

農福連携コーディネーター

「コーディネーター」は英語のcoordinateからできた語であろう。coordinateは形容詞、名詞、動詞があり、辞書的には概して次のように訳される。

▼coordinate

【形容詞】１、同等の・同格の・等位の
　　　　　２、座標の
【名　詞】１、同格者・対等のもの
　　　　　２、コーディネート（ファッション）
　　　　　３、座標・経度と緯度
【動　詞】（他動詞）
　　　　　１、同格にする・対等にする
　　　　　２、整合する・調整する・調和させる
　　　　　（自動詞）
　　　　　１、対等になる
　　　　　２、調和して動く・調和して働く

ざっとこれらの定義に目をとおしていただくとわかるが、**異なる者同士を和合させるものが「コーディネーター」**なのだ。ときによっては、敵対してしまった者同士の調停もすることがあろう。

ところで茶道では、帛紗（ふくさ）さばきといって、男性は紫の布を、女性は主に朱色の布を折り畳む所作がある。帛紗は、茶道具を清めるために折り畳まれていくのであるが、その帛紗もまた、コーディネーターといえる。

人間世界ではどうしても争いが絶えないけれども、その争いが起きたとき、先ほどの帛紗でポンと音を発し、**互いを上下にずらしながら、丸くおさめていく**のが帛紗さばきの本来の意味になる。

争いが生じたならば、声を発し、互いをななめにズラしつつ、和合させる。これこそが、日本古来の「コーディネーター」のやり方ではないだろうか。

閑話休題。農家がノウフクに期待することは、労働力不足の解消がまず挙げられよう。この20年間で、いわゆる農家は約4割ほど減っている。

一方、福祉がノウフクに期待することのひとつには、当事者の就労先の確保がある。就労には、福祉的就労や一般就労があるものの、約一割程度の当事者しか、就労ができていない。

この時点では、マッチングは機能しそうである。農家側は人手不足で、福祉側は職域を拡大したいからだ。

ところが、いざ賃金の話になると、もちろん農業側は人件費を少しでも安くおさえたいのが本音であろうし、福祉側は工賃を少しでも上げたいところであろう。

したがって、このままマッチングを進めれば、争いが生じかねない。そこで、コーディネーターがあいだに入って、両者が持続可能になるような折り合いをつけていくのである。

ノウフクで地域の人間関係もズラしながら丸くおさめていく。

これをコーディネーターができるか否かで、その地域の成功が決まると私は考えている。むろん、経営目線で語れる知性も必要だけれども、それと同時に、多様な方々となじんでいける肌感覚も求められるところであろう。そして、前者はマニュアル化できるが、後者は属人化しやすい。

例えば、ノウフクの取り組みに感動したある農家が、自分も同じような取り組みをしたいと思い、農福連携技術支援者育成研修を受講し、見事、支援者となった。

これで準備は整ったと、地域の当事者を探そうと動いたが、結局、自分の圃場で働いてくれそうな当事者には出会えなかったといった場合も、必要なのは「コーディネーター」になる。

「コーディネーター」がいれば、現場となる圃場から半径20キロ以内にある福祉事業所や特別支援学校、特例子会社等を調べ、ノウフクができるか否かを判断できたはずである。

このように軽く見ていくだけで、コーディネーターの仕事は多岐にわたり、わかりづらい。わからなければ、細分化して、構造的にすればよいというのが本書の一貫した方法であったから、コーディネーターの仕事も分けていきたい。

地理的条件の配慮

ノウフクを始めたいと考えたときに、まずは地理的に実現が可能なのかを考える必要がある。ノウフクは当然ながら、地域に農業と福祉があって、初めて実現する取り組みとなる。

援農型であっても、ひとつの基準としたいのは、**車で片道30分以内の距離**に互いがあるか否かである。片道1時間かけて、ノウフクが成立している事例もなくはないが、往復2時間かかってしまうのは、農業側にも福祉側にもデメリットが多い。やはり、理想は車で片道30分以内の地域でノウフクが成立するよう、コーディネーターは目星を立てていかなければならない。

また、ノウフクの拠点となる場所に、**電車やバスなどの公共交通機関が通っている**ことも大切な要素になる。なぜなら、当事者の自力通勤を考える上で、仮説を立てやすいからだ。もちろん、当事者に対し、送迎バスを出す際にも、最寄り駅等の地理的条件は配慮しておくべきである。

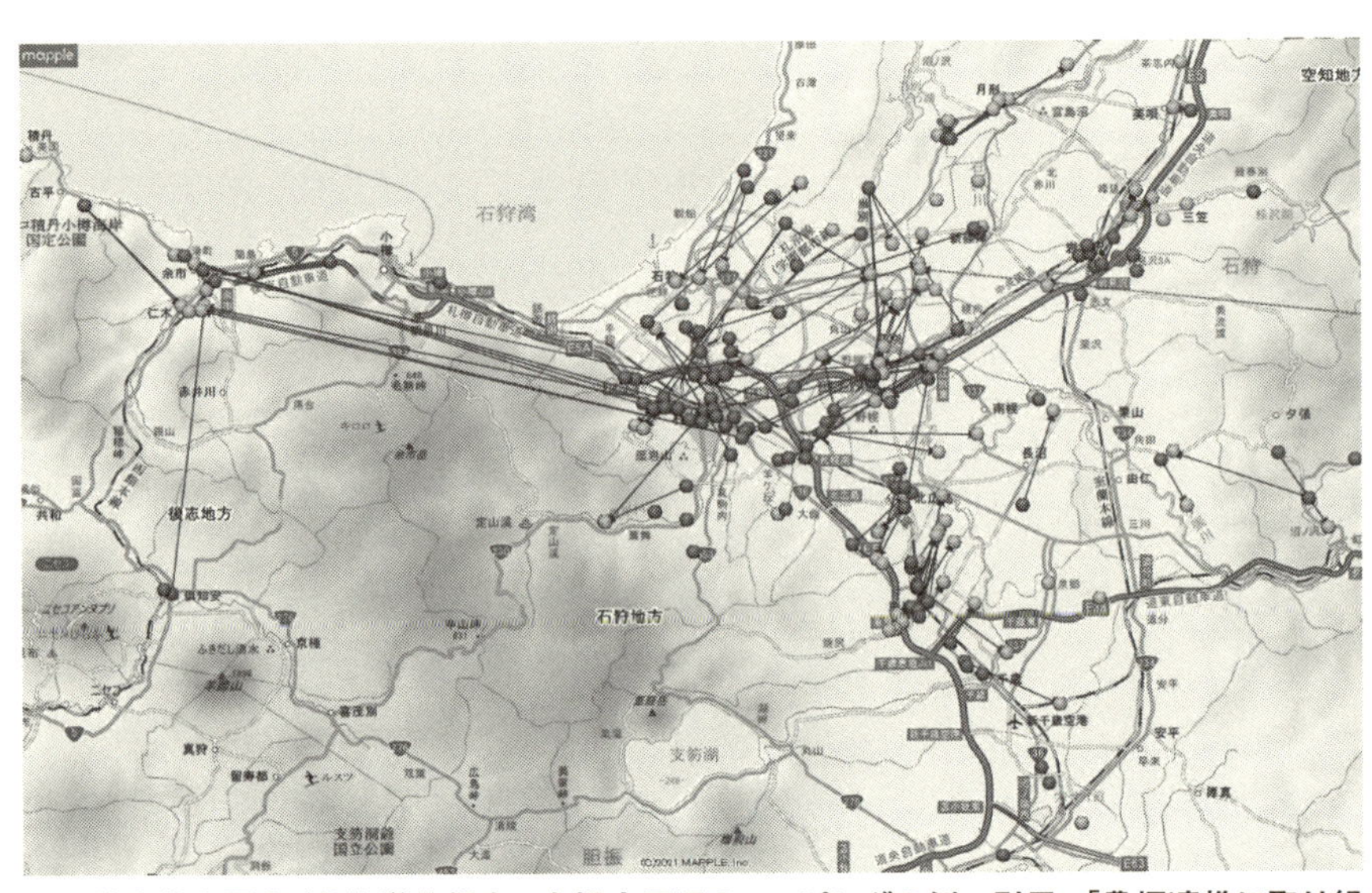

地理的条件を配慮（北海道札幌市・小樽市周辺のマッピングの例、引用：「農福連携に取り組む事業所に関するデータベース化事業報告書」2021年、日本農福連携協会）

例えば、北海道の地図に農業経営体と福祉事業所を色分けして、印をつけていったとき（札幌市・小樽市周辺のマッピング参照）に、ほとんど農業経営体しかない地域や、逆に福祉事業所ばかりの地域もある。このような地域では、特に援農型ノウフクを始めるのは、苦労しそうである。

とにもかくにも、地理的にどう分けるか。

まずコーディネーターがすべきは、地理的細分化である。

モデルの選択

そして、次にすべきは、先ほどお伝えした物語も含むモデルの選択になる。

繰り返しになるが、「型」や「技術」、「モデル」という言葉が用いられている以上、それらは真似が可能ということをコーディネーターはよく理解しておかなければならない。研修名にも農福連携「技術」支援者育成研修と「技術」が用いられているから、それは皆が真似でき、同時に皆で共有可能ということを意味するというのは、第1章で見てきたとおり

ヨコスカ農福連携モデル概略図

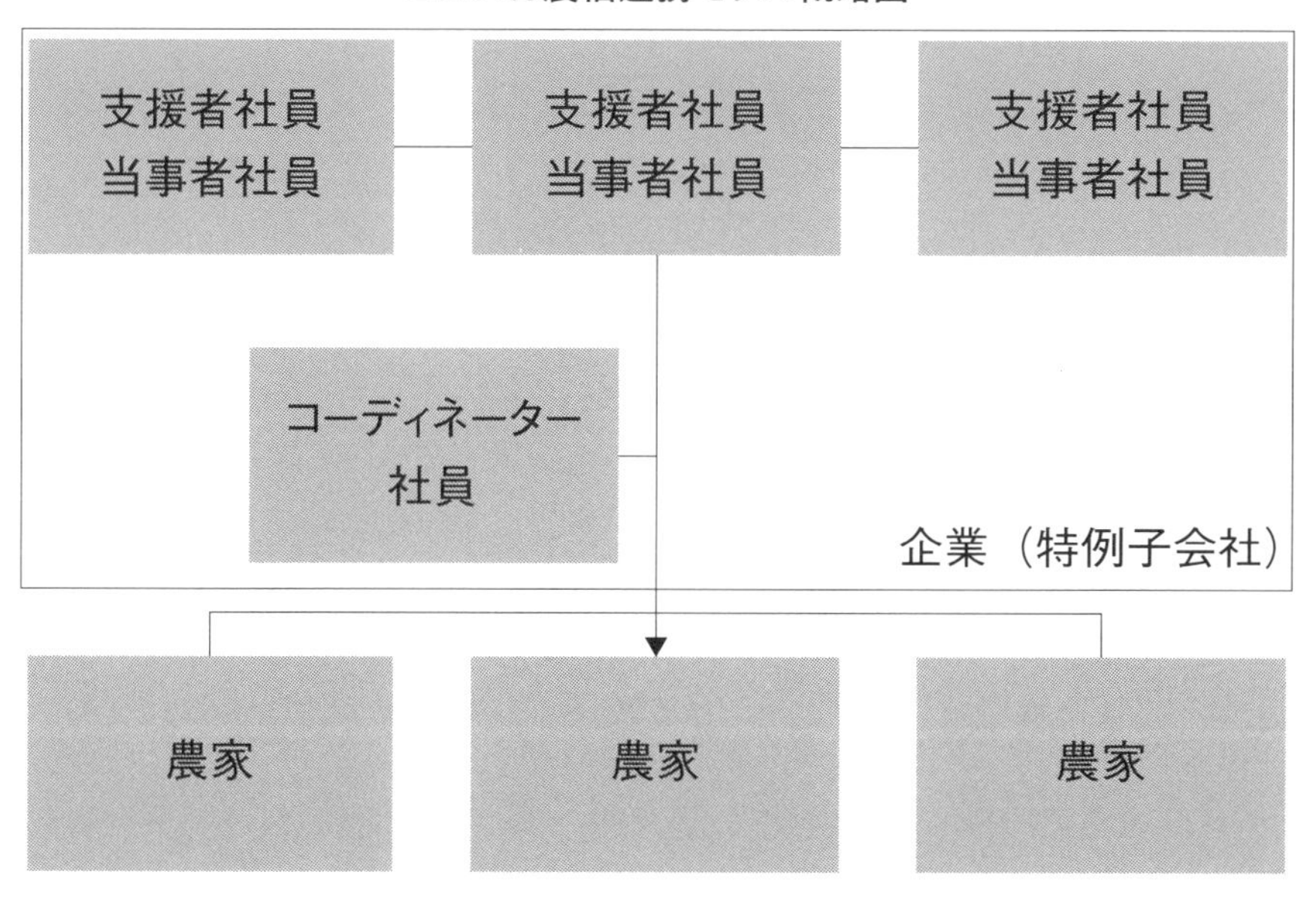

だ。

支援者は研修をモデルとして、農作業を細分化して工程に区切り、巧緻性と最多注意配分数を両輪とした基準で、その工程の難易度を数値化し、最後に当事者の特性を配慮した作業割当てをすればよいだけであるが、意外とコーディネーターのモデルというのが、まだ全国的に確立化されていないように見受けられる。これに関しては、後ほど提案することとして、話を少しもどそう。

「コーディネーター」は地理的な目星をつけたあとに、モデルを選択すべきというところまできていた。

例えば、企業参入型ノウフクで「ヨコスカ農福連携モデル」と呼ばれているものがある。特例子会社が始めた援農型ノウフクで、モデルがついているから真似が可能ということだ。

この「ヨコスカ農福連携モデル」を写したいとき、**モデル内でどなたが「農家」・「当事者」・「支援者」・「コーディネーター」を担っているのかを整理**されるとよい。

ヨコスカ農福連携モデルは企業が事務所を構え

ヨコスカ農福連携モデル基礎ユニット

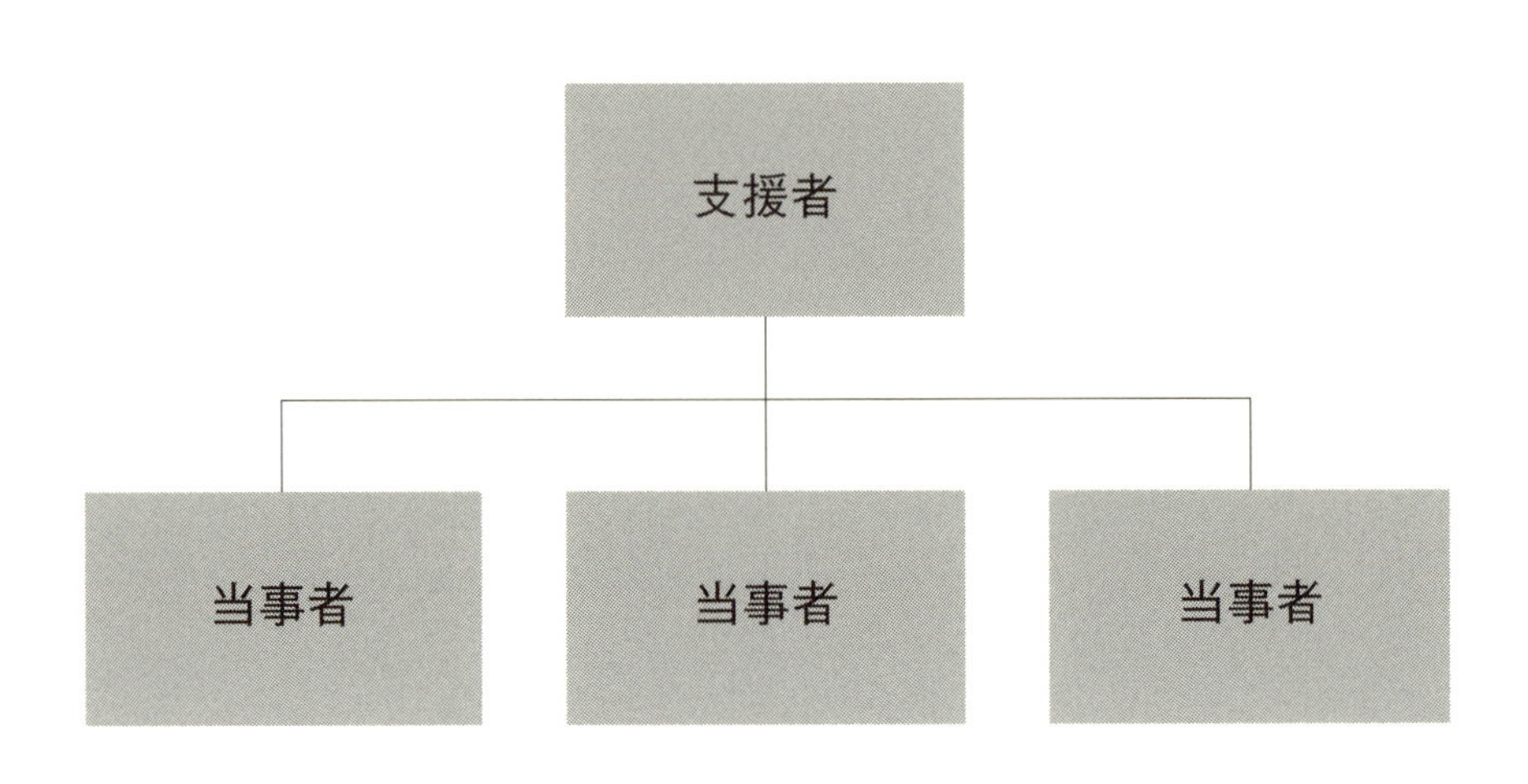

て、そこから地域農家に援農するノウフクになる。地域農家へは支援者が当事者を数名連れて、主に車で各農家に伺うのが一般的であろう。支援者は運転手として当事者を圃場に連れ、現場では当事者の支援をし、また事務所へと皆で帰ってくるわけだ。

もちろん当事者1名を支援者1名が連れて、コーディネーターが段取りをした地域農家の手伝いをしにいくのも、立派なヨコスカ農福連携モデルとして分類することができる。あるいは、大きな車で当事者8名を支援者1名が連れていくのでもよい。

ヨコスカ農福連携モデルの場合、当事者社員3名程度を連れて、援農することが多い。地域によっては、農道が狭いところもあるから、軽自動車が重宝される。

軽自動車の乗車定員は法律上4名を考慮すれば、自然と支援者社員1名と当事者社員3名構成で援農することが増えるわけである。

ユニットの構成

このような支援者と当事者の集合体をノウフクで

ヨコスカ農福連携モデルにおけるロール配分

特例子会社社員

・「コーディネーター」
・「支援者」
・「当事者」

地域農家

・「農家」

は、ユニットあるいはチームと呼ぶ。本書では、後者のユニットと表記していくと共に、支援者1名と当事者3名のユニットについては、**基礎ユニット**と表現していく。基礎ユニットは後述する農園型においても、よく使われる分け方で、こちらは支援者1名と重度の当事者を含む3名でユニットが組まれることが多い。

ヨコスカ農福連携モデルが持続していくと、徐々に複数のユニットが複数の地域農家に日々、援農するシステムが確立してくる。例えば、30名の当事者が雇用された場合、単純計算で10組の基礎ユニットができるから、支援者も10名必要となってくる。こうしてくると、10の援農先があっても、おかしくないわけだ。もちろん、大型の農業経営体が援農先にあれば、そこに3組の基礎ユニットで向かう日があってもよい。

このように、どのユニットにどこの農家の担当をしていただくのかをデザインするのが、コーディネーターの役割になる。支援者との違いを感じていただけただろうか。

ヨコスカ農福連携モデルにおけるコーディネーターの役割

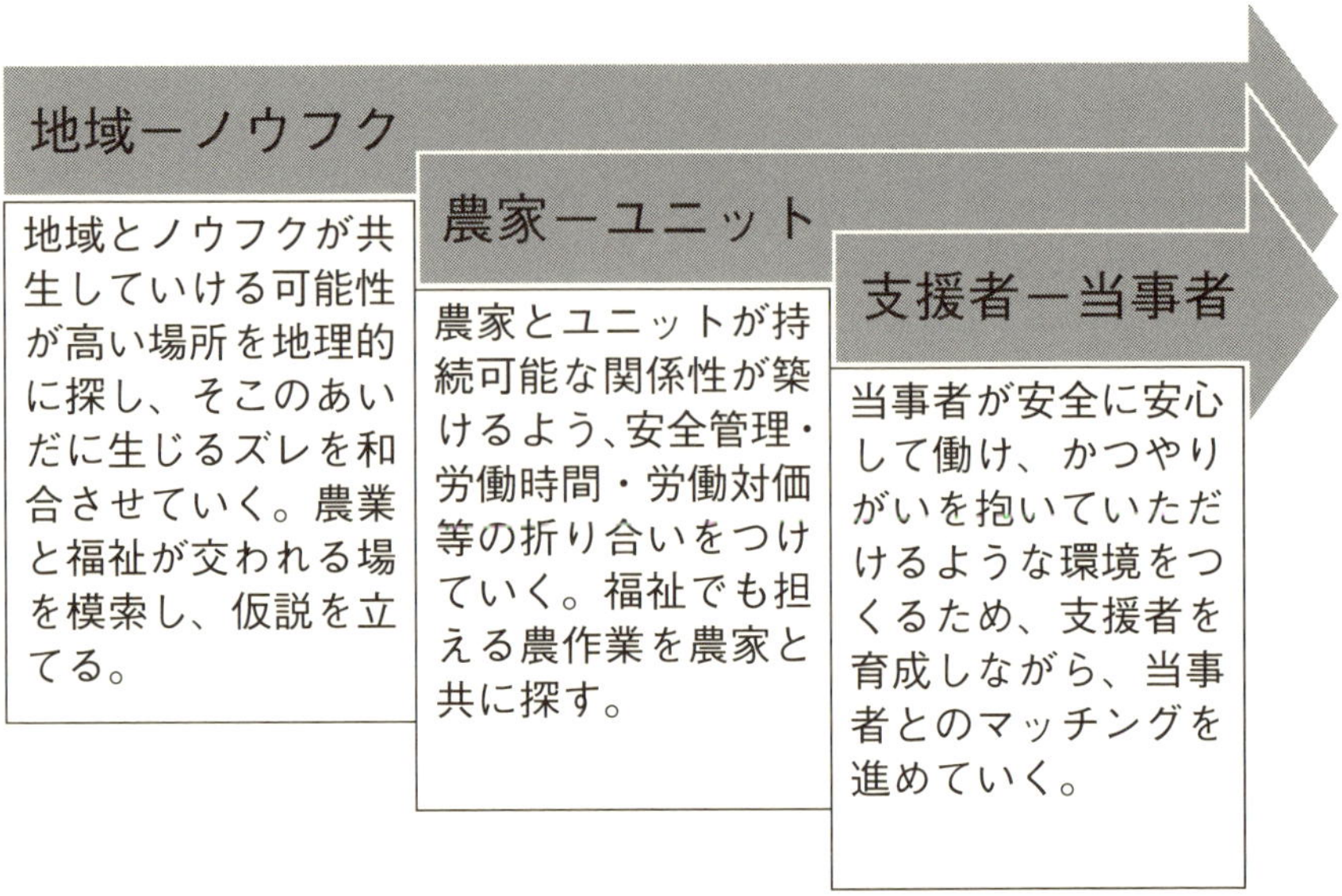

地域ーノウフク

地域とノウフクが共生していける可能性が高い場所を地理的に探し、そこのあいだに生じるズレを和合させていく。農業と福祉が交われる場を模索し、仮説を立てる。

農家ーユニット

農家とユニットが持続可能な関係性が築けるよう、安全管理・労働時間・労働対価等の折り合いをつけていく。福祉でも担える農作業を農家と共に探す。

支援者ー当事者

当事者が安全に安心して働け、かつやりがいを抱いていただけるような環境をつくるため、支援者を育成しながら、当事者とのマッチングを進めていく。

当事者に特性があるように、ユニットにも特性が出てくる。コーディネーターはそのユニットを配慮しながら、地域農家とのマッチングを進めていくわけである。

話をもどすと、ヨコスカ農福連携モデルを真似したい企業がやるべきは、このモデルにおいては、**特例子会社の社員がコーディネーター・支援者・当事者の役割を担っているということを理解し、それぞれの人材育成を進めていくこと**であろう。

人材育成

また、その際の順序であるが、コーディネーターをまず育て、支援者・当事者と人材育成を進めていくとよい。

コーディネーターの候補社員が地域農家に回りながら、援農先を開拓する。ノウフクに興味がある農家であれば、トライアルでやらせてもらえないかという話もできるかもしれない。ノウフクを知らない農家であれば、福祉と連携するメリット等を説明する機会になることもあるであろう。

実は、この期間が最もコーディネーターが育成される期間である。どちらが良い悪いではなく、ノウフクに否定的な農家もまだまだ少なくない。当事者に対する偏見も未だにある。

さらに、いざノウフクを地域農家と始めてみようとなった場合、賃金の話は避けては通れない。トライアル期間は無償でどのような作業を担えるか、互いにその可能性を探っていけばよいけれども、それが終われば、やはりお金の話になる。その地域の最低賃金の話とも比較されるであろう。

支援者社員や当事者社員が既に育っているならば、例えば、パート社員とユニットの生産性を比較して、そこから適正賃金を計算する方法もとれようが、多くの場合はまだ準備不足である。

そこで求められるのが、**ヴィジョンの共有**なのだ。

コーディネーター候補の社員が、粘り強く関係性を深めていくことによって、農家にとっても、当事者にとっても、企業にとっても、共によりよき未来を模索していく土台ができてくるものである。今はまだ農家の戦力にならないかもしれないが、３年も経つとノウフクに現場を任せられるようになる事例も多い。

むろん、３年という期間だけを考えれば、外国人労働者のほうが能率的な可能性が高いものの、彼らの多くはやがて帰国してしまう。そうなれば、また最初から農家も人材育成をしなければならない。一方、ノウフクを長い目で見れるならば、やがて互いになくてはならない存在になる可能性が高い。特性によっては、ひとつのことをずっと続けられる当事者も珍しくない。

このようなことをコーディネーターが熱く語っていくと、必ず地域農家の中に、ノウフクが響く農家が出てくる。そして、そのような農家は概して、共に人材を育てようとしてくださる。

やがてその農家と共に、持続可能なノウフクができたなら、その地域で噂になっていく。自然と他の農家もノウフクに参画してくるであろう。

コーディネーターの人間性

このあたりから、マニュアルが通じない要素が増えてきたのが、わかるであろうか。要は、**コーディネーターの人間性**が肝要になってくる。ときには、コーディネーター自身が支援者として入り、当事者と共に農作業をしながら、福祉的目線あるいは企業的目線から、現場をよりよくしていくための提案を農家にしていくことも求められる。

また、あるときは当事者のミスで農家に迷惑をかけた際に、謝罪しにいくこともあろう。コーディネーターとして頭を下げ、今後に向けた改善点をやはり農家と話さなければならない。

一方、当事者が安全に安心して仕事ができる環境づくりのために、農家の意向を断ることも、コーディネーターの役目になる。夏場の熱中症対策も共有する必要があるし、企業としての労働時間の理解も農家にしていただいたほうがよいであろう。

概して、企業あるいは福祉事業所もそうであるが、農家と働く時間がそもそも異なる。朝早くから働く農家が大半の中、やはり企業は早くても8時あたりからの就業が一般的であろう。この時間帯に関しても、コーディネーターは農家と折り合いをつけなければならない。

「コーディネーター」は、異なる者同士を和合させることであった。その対象は、なにもユニットと農家だけではない。ユニット内の支援者と当事者のあいだの架け橋となることも多々ある。もちろん互いに特性があり、相性があるからだ。どの当事者にどの支援者が合うのか、仮説を日々立てていくのも、コーディネートのひとつといえよう。

また、地理的条件とも関係が深いが、最低限の**地域の農業と福祉のリスト**を「コーディネーター」は有しておかなければ、マッチングの仕様がない。

要は、**最初にノウフク全体の絵を描くのが「コーディネーター」**なのだ。もちろん、その意匠は地域のご縁をいただきながら、移ろっていく。それでも人間くさく絵を描き続けようとする熱意がないと、「コーディネーター」は務まらないというのが私の持論になる。

換言するならば、コーディネーターはそれこそ多様な線の引き方を持っておいたほうがよい。単純にノウとフクのあいだにくっきりと境界線を引き、白黒つけたならば、容易にノウとフクは分断され、連携する機会を失う。かといって、無境界にすればよいというものではない。それでは建設的な関係が築けない。

日々、**境界線を曖昧にしていかなければ、異なる者同士をなじませることはできない。境界があわいになって初めて、両者は真の意味で連携ができるのである。**

したがって、「コーディネーター」は、ときに境界線をななめに引き直し、ときにそれを曲げ、ときにそれを点線にしたりしながら、農家や福祉をはじめとした多様な方々を調整していく役割を担っている。

また、農家側から見るならば、「コーディネーター」は**マレビト**でもある。マレビトとは、時折やってくる外界からの来訪者のことを指す。「コーディネーター」がやってきては、現場に新たな風を吹き込んでいく。

あるいは、「コーディネーター」は**トリックスター**のサブパーソナリティも併せ持つ。トリックスターは、境界を越えてくる者といった意味になる。「コーディネーター」は、福祉や企業の垣根を平然と乗り越えてきて、現場の境界線を引き直す。ときには、「コーディネーター」自身が境界そのものの役割を担ってしまうこともある。

つまり、「コーディネーター」は**「たくさんの私」**を持っていたほうがよい。農家や当事者と出会い続けることで、新たな私をサブパーソナリティの中に発見していく。

こうして「コーディネーター」自身も移ろいながら、ノウフクは深みを増していくのである。

農法

農法もまた多様であり、その分類方法も様々である。

しかし、細分化の原則として、**「物事を二つか三つに分ける」**というのがあったから、やはり農法もシンプルに分けたほうがよいであろう。本書で扱うのは、農業と福祉のあいだにある方法であって、農業や福祉を細かく正確に分類していくことではない。

したがって、本書では農法を**慣行農法**と**有機農法**に分けることとする。

農法
慣行農法
有機農法

慣行農法とは、化学肥料や農薬を使用しながら、作物の生産性向上や一定の規格や品質の作物をつくることを重視した農法であるのに対し、有機農法とは、不自然なものの使用をなるべく避け、土壌の健康や持続可能性を重視した農法になる。

前者は、戦後の食料不足時代から現代に至るまで、国民の生活を支えてきた農法であり、後者は、環境にやさしい持続可能的な農法といえる。ちなみに自然農法や自然栽培と呼ばれる農法は、ここでは有機農法の中に含めて考えていく。

慣行農法と有機農法を分ける基準は、端的に申し上げれば、自然的か否かに尽きる。

自然農法の福岡正信

実は、最も自然的な有機農法を世界に広めたのは、日本人の福岡正信であった。一時期、日本人が西欧に行くと、「福岡を知っているか」と尋ねられたそうである。もし「知らない」と答えようものなら、「日本人のくせに福岡を知らないのか」と言われたほど、世界の注目を集めていた農家になる。

福岡は砂漠を緑化させるのに、ヘリコプターで空から多様な種をまいた。別に選別にこだわりはなく、多種多様にまいた。

その結果、一部の植物は砂漠にもかかわらず、芽吹きはじめた。無為自然にまき、おのずと残ったものを育てながら、少しずつ頂戴していくのをよしとした。反自然的な行為を極力省いた農法を編み、本書では、有機農法の中に含めたが、「自然農法」を提唱した人物でもある。少し彼の著書から引用してみたい。

「何かを為す」ことによって、物質文明の拡大を計る時代は終末を迎え、「何もしない」凝結・収斂の時代が到来している。自然との融合に始まる新たな生活、精神文化の確立を急がなければ、人間は多忙・徒労・混乱の中に奔命して衰弱せざるをえない。人間が自然に還り、一木一草の心を知ろうとするとき、人知で自然を解読する必要は何もなかった。無意、無為、無策、自然ととのみ生きればよかった。人知による虚妄の自然界から脱出ためには、無心になって、ひたすら真の自然即絶対界への復帰を願うほかない。否、願うことも祈ることもない……ただ無心に、大地を耕してさえおればよかったのである。

―『自然農法』福岡正信より引用

引用した最後の文は、「大地を耕してさえおればよかった」とあるが、福岡が提唱する自然農法の場合、基本的に、**無農薬・無肥料・不耕起・無除草**を軸としている。農薬をまかないのは理解されやすいが、無肥料・不耕起・無除草は意外に感じられる方もおいでになるかもしれない。

永い目で見れば、自然は土壌を豊かにしていくことが多い。葉が虫に喰われれば、植物もファイトケミカルといった物質を出し、農薬なしでも自ら身を守る。植物が枯れれば、やがて土に還るが、やはりこちらも肥料なしで、土を豊かにしていく。その豊かになった土にミミズなどが多く棲むようになれば、彼らが人の代わりに土を耕す。植物の根も土を耕す役割を担っている。

こう考えると、本来は人が自然に手を加える必要がまったくないとする福岡の世界観も、こちらに響いてくるものがある。

しかし、現代日本においては、有機農業の取り組み面積から判断すると、圧倒的に慣行農法がとられているのが現状である。このような状態から、いきなり有機農法に転換しても、失敗に終わるケースは多い。

なぜなら、有機農法というのは、豊かな土壌が前提となっている側面があるが、それまで慣行農法を続けてきた土地は痩せている傾向にあるからだ。無理な農法転換は、生産性を著しく落としてしまう。

端的に言えば、**有機農法には多様な生物が共生している土が必要**なのである。

ノウフクはある意味、地上の共生社会の実現を目指している部分が強い。したがって、地中の多様性が保たれる有機農法のほうが本来的には、相性がよいであろう。地上も地中も多様な共生社会であったほうが自然だ。

草マルチの話

私はノウフクを題材とした記事「僕らはひたすら草を土に置く」にて文藝春秋SDGsエッセイ大賞2023グランプリを受賞（ペンネーム：KODO）したが、タイトルどおり、メインの話は草マルチにした。除草した草をひたすらマルチにしていく草マルチは、有機農法的な視点での作業になる。短いエッセイなので、こちらも引用しておこう。

＊

夏の農作業はほぼ除草という畑も少なくないが、僕らもひたすら草を刈った季節であった。そして、その大量に刈り取った草をこちらもただひたすら畑の土の上に置いていった。自然農界隈では、この作業を草マルチ敷きと呼んだりする。

マルチというのはマルチシートの略で、よく畑にビニール製のカバーがかけられているのを見たことがないだろうか。あれのことである。雑草や害虫の予防になる他、畑の保水効果も期待できるので、マルチを利用する農家は珍しくない。このマルチをビニールではなく、畑で刈った草を敷いたのが草マルチである。

草マルチはやがて茶色いワラになり、土に分解されていく。永い目で見れば草は栄養になるのだろうけれども、何よりも土がやわらかくなっていくのがよい。おいしい野菜づくりには、やさしい土が必須だ。また、畑に水やりしてから草マルチをすると、保水がよくなされて、さらに土が喜ぶ。

土がよくなると、ミミズやテントウムシなどの畑をよくする生き物も増えてきて、畑がにぎわっていく。土の下が多様になっていくのだ。僕らはそんな地中のパーティーを夢見て、ひたすら草を刈っては野菜の傍らに置いていく。僕なんかは街でたくましく生きているイネ科の雑草群を見ると、無性に草マルチをしたくなるから、ほぼ職業病といってよいのかもしれない。

最近は地中だけでなく、地上のダイバーシティ（多様性）もにぎわってきた。農福連携といって、障害をお持ちの方々をはじめとした生きづらさを抱える仲間と一緒に、草を置いては未来の土を耕している。僕ら自身もまた多様であり、僕自身の中にも色々な僕がいるのだろう。

年間でどれほどの草が破棄されているのか、僕にはわからない。しかし、今現在も大量の草がゴミとして捨てられているのだろうと思う。もしその草の一部をどこかの畑にそっと置くことができたなら、新たなよき未来が人知れず芽吹いていくのではないだろうか。

たった一本の草を土にそっと置く。

そんな弱々しいはじまりの共生社会の実現があってもよいではないか。草マルチ敷きは夏の猛暑に少しやられてしまった僕にとって、ある種の祈りに等しい。

——『文藝春秋（２０２４年1月号）』より引用

時代は間違いなく、有機農法を推奨している。ところが実際は、慣行農法でこの国は支えられている。

持続可能な農法へ

農家側には慣行農法でなければいけない理由が依然として残っているのだ。このような**農法の溝も、ノウフクならやさしくコーディネートしてくれるのではないか。**

多様を多様のまま活かしていくノウフクが、慣行農法と有機農法のあいだに入ることで、慣行対有機というような二項対立関係にせずに、あるべきように農法を変えていってくれる可能性は高い。

おそらく特別栽培や自然農、自然栽培といった分類が増えても、各々の性質を活かしながら、持続可能な農法へと統合していけるであろう。

幸いにも、まだ日本には豊かな自然が残っている。人類は自然とどのような関係性を築き、どのような農法を組み合わせていくべきか。当事者も含めて、皆で対話や体験などをしていくべきときが今なのではないだろうか。

援農型

援農とは、一般的に「農家でない方が、農作業の手伝いをすること」をいう。ボランティア的な要素を含む傾向にあるが、本書では広義に捉え、適切な対価をいただいて、農家の手伝いをする取り組みもまた援農とすることとしている。

援農型も細かく分けていけば、少なくても数十のパターンに分けられるであろう。ただ、あまりに細かく分けても、かえってよくわからなくなる場合もあるので、まずはノウフクにおけるロールを把握し、そのロールを援農型において、どなたが担っているかを確認しながら、整理されるとよい。

境界の変化と身の変化

縄文時代、人々は自分たちが住んでいるサトと、遠くにそびえ立つヤマとのあいだに境界線を設けていった。ヤマは魂の充実した異界であり中心であったのに対し、サトは人々の近間であり辺境であった。つまり、ヤマに神が棲んでいたのである。異界であるが故に、ヤマ登りというのは、一度死んで神の代わりになることでもあった。そして、ヤマからあるいはウミから無事帰還できた者に対して、特別な眼差しを向けるに至る。

ここから神の使いや英雄という概念が誕生することになったのだ。もともとヤマの麓にあった神社は、サトが拡張するにしたがって、ヤマの頂へと移動している事例は多い。ヤマとサトの境界線はその都度、変化していったのであろう。このような外界の境界線の変化は、アフォーダンス的に当事者の身の変化にもつながるのではないか。

特に援農型ノウフクであるならば、ぜひこの物語のモデルをおさえておかれるとよい。第2章の利き目でお伝えしたが、人には目の構造上、前後の物語に惹かれるといった特性がある。つまり、こちらからあちらに旅立ち、あちらで苦労をし、こちらに成長した姿で還ってくるのが、英雄伝説の原型になる。

ハリウッド映画の脚本もこの英雄伝説モデルを基盤にしたものも多数あるし、宗教もこのモデルで普及する傾向にある。例えば、キリストは十字架を背負い、一度、あの世に逝かれてから、またこの世に復活されている。この世からあの世に移り、またこの世に還ってこられたからキリストたり得た。私の周辺のキリスト教徒は、復活されたあとのキリストがどう亡くなられたかを知らない人が少なくない。つまり、あちらの世界からこちらの世界へと還ってくる物語に人は注意を払いたいのであろう。

ノウフクにおいても、当事者が福祉事業所から地域農家の畑で活躍し、ひとまわり成長されて、またこちらの福祉事業所に還られるという施設外就労も多くなされているが、これもまた英雄伝説モデルに分類できそうである。したがって、**物語が生まれやすい**。そして、その**当事者が生み出す物語に、多様な方々が集まってくる**という見方も、「コーディネーター」はしておきたいところだ。

農地を持つ「農家」

繰り返しになるけれども、ノウフクに必要なロールは、「農家」・「当事者」・「支援者」・「コーディネーター」の四つであった。この中で、**まず注目すべきは、「農家」**になる。なぜなら、このロールは農地や出荷調整所を有しているからだ。

場はギリシア語でトポス（topos）であった。そこから英語のトピック（topic）が派生してきたことを考えると、場から題目が生まれると見ることができる。

したがって、ノウフクにおいても、どの農地や出荷調整所でやるのか、すなわち、「農家」をどなたが担える可能性があるのかをまず考えていくのが肝要である。

援農型におけるロールの具体例

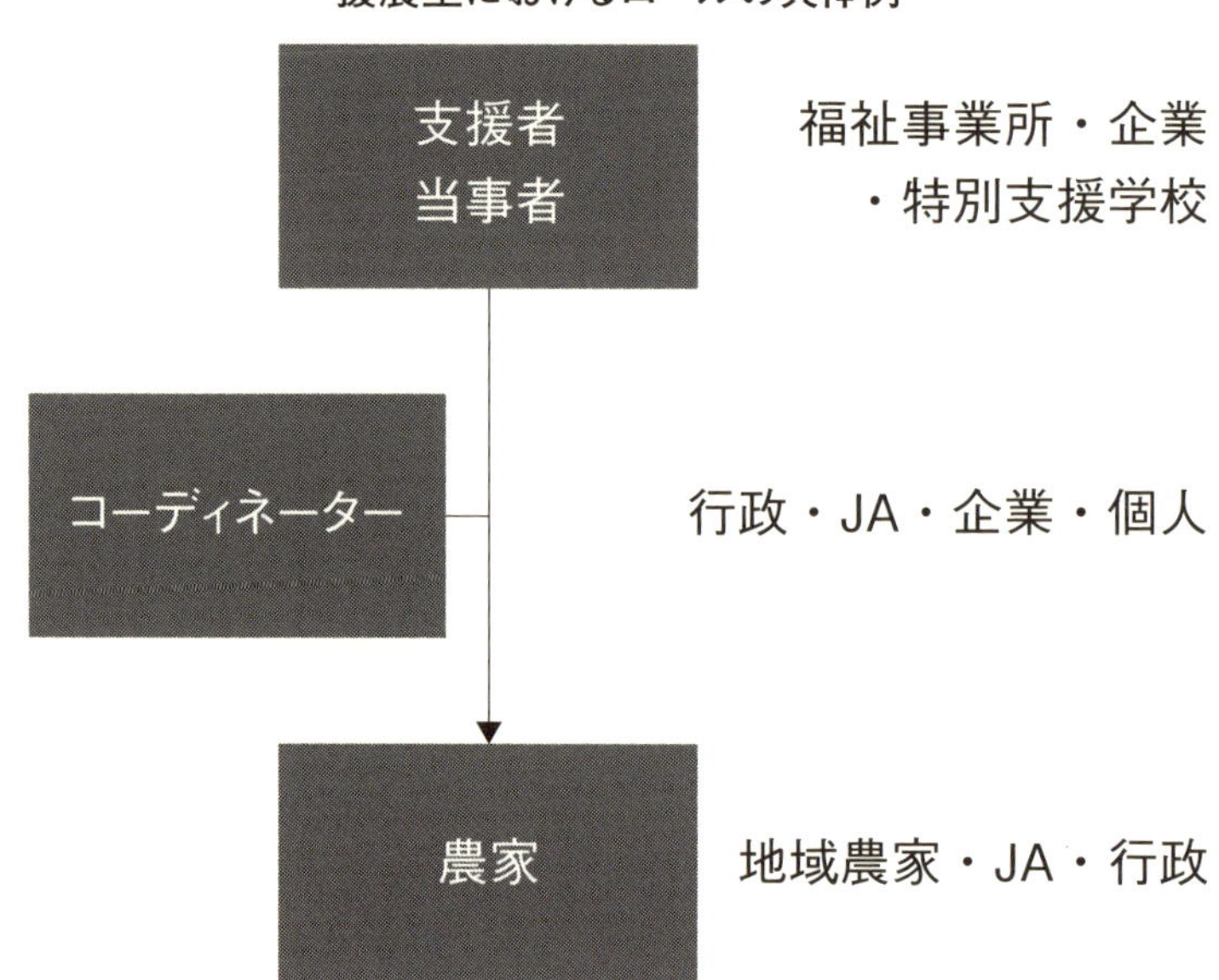

「農家」が決まれば、農地も農法もおのずと決まるだけでなく、そこでどのようなノウフクが誕生するのかも決まっていくことが多い。ノウフクにおける物語の場はいうまでもなく、圃場である。

これから、「当事者」がどのように活躍していけるか。

その舞台を用意するのが、「農家」なのだ。

では、具体的に、どのような方々が援農型における「農家」を担えるのか、考えていきたい。まず、地域農家は当然、「農家」を担う。複数のユニットと連携できるのであれば、複数の地域農家が全体で「農家」の役割を果たす。

他に「農家」を担えるのは、農地や出荷調整所を有するＪＡや行政ではないだろうか。ＪＡの出荷調整所に地域の福祉事業所が援農する事例や、市民農園など、行政の有する農地に特例子会社が援農し、圃場管理をする場合である。

援農型である以上、「農家」が有する圃場と「当事者」が所属する事務所が別な場所にあるのもおさえておいていただきたい。

前述したとおり、「農家」を担えるのは、「支援者」や「当事者」がいる事務所から車で30分以内の距離が望ましい。

「コーディネーター」の決定

そして、「農家」の次に考えるべきは、「コーディネーター」になる。こちらは主に行政やJAが担うのに適したロールであろう。もちろんノウフクに参画した地域企業の社員が担っている事例もあれば、個人でコーディネーターをされているケースも少なくない。

行政であれば、福祉課に相当する部署が地域の福祉を把握しているし、農政課に相当する部署が地域農家を把握している可能性が高い。「コーディネーター」を担える条件が整っている。

同様に、JAもTAC等で地域農家の特徴をよく把握されていることが多い。TACとは、Team for Agricultural Coordinationの略で、地域農業者の担い手に出向くJA担当者のことである。こちらも「コーディネーター」の条件を備えているといえよう。

あとはかなり属人化してしまう傾向にあるが、個人で地域の「コーディネーター」を担われている事例も全国的に見受けられる。むしろ、その地域でノウフクが始まったばかりの時期は、個人のコーディネーターが活躍される傾向にある。

こうして「農家」に続いて「コーディネーター」を担う方が決まったならば、その地域にいる「当事者」と「支援者」を探すとよい。その候補としては、やはり福祉事業所の施設外就労が筆頭に挙げられるであろう。

あるいは、「当事者」と「支援者」の社員がいる企業や、特別支援学校も可能性があるかもしれない。特別支援学校が援農する場合は、先生方が「支援者」として動き、校外学習等で「農家」を手伝う事例も出てきている。

このようにノウフクそのものの分類を複雑多岐にするのではなく、**援農型と自前型に大きく分けておいて、そのモデルに必要なロールを地域のどなたが**

担えるかをアブダクション（仮説立て）していくのが、地域ノウフクを普及していく上で、最もよい方法である。

ちなみにマッチング当初は、「コーディネーター」も現場に足を運ぶ必要はあるが、「農家」や「支援者」に任せられる段階になったなら、リモートでもコーディネート可能である。したがって、複数の地域のノウフクを、ひとりのコーディネーターが促進させていくといったモデルも挑戦されると面白いかもしれない。

また、「農家」とユニットのあいだに信頼関係が築けたなら、「農家」もまた現場をノウフクに任せ切ることができる。すなわち、農家は他の圃場にて、他の仕事ができるというわけである。

電話等で「支援者」に農作業指示を出しておき、報告はまた「支援者」から電話等で受けるといった具合である。

援農型のノウフクを取り入れることで、**「農家」の時間に余裕ができる**という点も、大切なメリットのひとつではないだろうか。

自前型

援農型ノウフクは多様な援農先があったため、多様な世界観のあいだを「当事者」が「支援者」と共に行ったり来たりするモデルであった。

一方、これからお伝えする自前型は、当事者が行ったり来たりすることが基本的にはないモデルになる。もちろん、「農家」が複数の圃場を有していて、その圃場をあちらこちら行くことはあるであろうが、基本的には**ひとつの圃場に、「農家」・「当事者」・「支援者」が集まるイメージ**をされるとよいであろう。

農家が直接、当事者を雇う典型的なモデルから考えてみたい。

直接雇用の自前型

直接雇用された当事者は、日々、農家の圃場で農作業をすることになる。

農家が当事者を直接雇用した自前型におけるロールの具体例

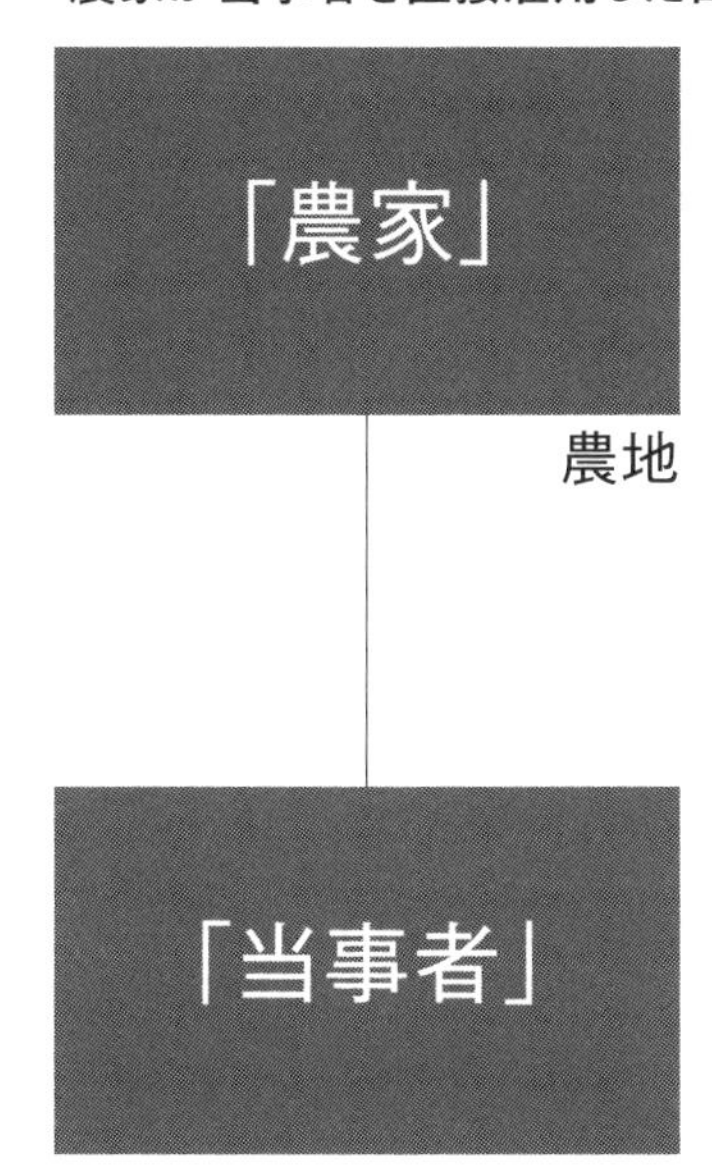

地域農家

地域当事者

農家から見れば、自前の圃場で当事者が活躍しているように映るであろう。

この場合、当事者以外のロール、すなわち「農家」・「支援者」・「コーディネーター」を担うのは農家にならざるを得ない。もちろん農家がノウフクにおいても、「農家」を担うのは自然である。

しかし、「支援者」と「コーディネーター」も農家が担うには、農家自身のそれなりの努力が必要となってくる。なぜなら、一般の農家には福祉的理解が欠けていることが多いからだ。そんなのは当たり前で、異業種なのだから、本来は何ら問題はないことだけれども、ひとりの農家がこれら全てのロールを担うのが大変なことは、想像に難くない。

例えば、農家が「支援者」を担えなければ、特性に配慮した作業割当てをすることができず、農作業指示が当事者に正しく伝わらない可能性が出てきてしまう。結果、雇用管理も機能せず、当事者にとって、安全に安心して働けない現場になってしまい、両者にとって好ましくない結果に終わってしまうであろう。

自前型におけるロールの具体例

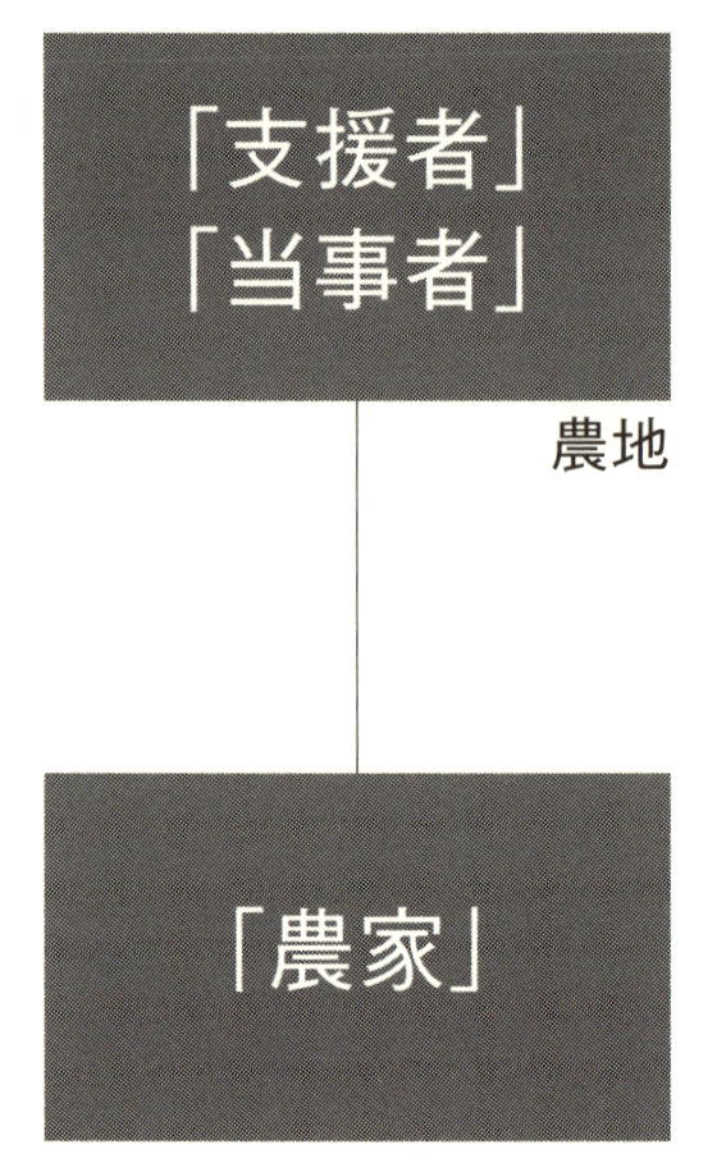

また、農家が「コーディネーター」を担えなければ、そもそも地域の当事者に出会えないかもしれない。出会えたとしても、特性が農業向きではない当事者のこともあるであろうし、何よりも適切な雇用契約が結べるかも疑わしい。

見方を変えると、農家による直接雇用の場合、「農家」は地域農家が担い、「当事者」はその農家に雇用された地域当事者が担うことになる。非常にシンプルな形だが、そこに「支援者」や「コーディネーター」といったロールが欠如しやすいのも特徴であろう。

むしろ、農家と当事者のあいだをうまく機能させるために、「支援者」や「コーディネーター」が切り出されたようにも映る。

福祉事業所が農地を所有

次に、福祉事業所が農地を有している場合を考えてみよう。

福祉事業所が担えるロールは、「当事者」と「支援者」であった。

したがって、今度は「当事者」と「支援者」側に農地があることになるが、農業に関するノウハウがないのが一般的であろう。つまり、「農家」がいないのだ。

そのため、自前型は「農家」が福祉の手伝いにくるケースも見受けられる。このような方々を**農業指導士**という。もちろん農家の方が担ってもよいし、農家でなくても、文字どおり、農業を指導できる方が「農家」を担ってもよい。

援農型の場合は、「当事者」が定期的に「農家」の手伝いにきたが、自前型の場合は、農業指導士のような「農家」が定期的に、「当事者」や「支援者」の手伝いにくるわけである。

ここらあたりで、援農型と自前型を混同される方がいるかもしれないが、両者の基準はあくまでも**「当事者」が移動するか否か**である。当事者が移動するならば、援農型であり、当事者が移動しないのであれば、それは自前型に分類される。

自前型で移動する可能性があるのは、「農家」だけである。

また、自前型におけるコーディネーターは、**圃場に外部から人を呼んできて、ノウフクをより持続可能にさせていく。**

先ほどの福祉側が圃場を有し、かつチームに「農家」がいない場合は、地域農家や農業指導士等を「農家」として圃場に呼ぶわけである。

この場合は、まず販路を考えなければならない。援農型の場合、援農先の農家が既に独自の販路を持っているケースがほとんどのため、「当事者」が育てた農作物は、その「農家」のルートで販売すればよかった。しかし、自前型の場合は、やはり販路開拓を先にしておくべきであろう。

ちなみにノウフクの農作物だからという理由だけで、売れることはない。たしかにノウフクはほとんどの方から賛同していただける取り組みだけれども、それと売れるということは別の話である。やはり農作物そのものの美味しさや新鮮さが大切になってくるのだ。

ありがちなパターンとしては、もともと慣行農法がなされていた農地を、いきなり全面有機農法にし、収益に結びつかなかった事例も少なくない。本来の農家であれば、このような方法はとらないが、農業経験のない福祉事業所がいざ農業を始めようとする際に、その段階では適さない農法を選んでしまうといったことは起こり得る。

一方、「農家」が「当事者」を直接雇用する場合は、農福連携技術支援者や訪問型ジョブコーチ等を「支援者」として呼ぶのも、コーディネーター的といえよう。ノウフクを進めていく上で、雇用主の農家が福祉的理解を深めていくのは必須である。「農家」が「支援者」も兼ねられるということは、当事者にとっても安全に安心して働ける環境のひとつであろう。

しかし、可能ならば、**より多くの方々にかかわっていただける方法**を選ぶようにされたほうがよい。換言するならば、**より豊かな過程になりそうな道を選択する**ということになる。

これは特例子会社をはじめとした企業が圃場を借りるなどして、自前型のノウフクをされる場合も同様になる。

企業の障害者雇用担当者が「支援者」を担うことも多く、さらに農福連携技術支援者や訪問型ジョブコーチを外部にお願いし、さらに支援を強化するケースもあり得る。農業が本業でない企業がノウフクに参画したならば、「農家」を担える方もいらないかもしれない。この場合は、地域農家やJA職員、農業指導士といった「農家」も外部から来ていただくといった形も想定できるのではないか。

「当事者」周辺も参加

援農型は、基本的に当事者が地域農家に仕事をしにいくモデルなのだから、圃場を有する人は概して「農家」だけなのに対し、自前型は「当事者」周辺の方々も参画できるため、農家だけでなく、社会福祉法人やNPO法人を主とした福祉事業所の他にも、企業や行政、病院が有する圃場でノウフクが展開していく事例も少なくない。

また、ノウフクに取り組んでいく農地は確保できたけれども、肝心の事務所をどうするかというのも、自前型ではよく話題となる点になる。

ここでいう事務所とは、ノウフクに係る事務作業をするための空間というよりは、更衣室や休憩所、トイレなど、日々の農作業に必要な空間といったニュアンスが強い。

ところが実際は、農地法との兼ね合いで、当事者のための休憩所やトイレであろうと、建物は勝手に建てられないことがある。農具を入れる倉庫を建てるといった行為も建築物として扱われる可能性がある。

> 農地又は採草放牧地について所有権を移転し、又は地上権、永小作権、質権、使用貸借による権利、賃借権若しくはその他の使用及び収益を目的とする権利を設定し、若しくは移転する場合には、政令で定めるところにより、当事者が農業委員会の許可を受けなければならない。
>
> ―農地法第三条より引用

その解決策として、**トレーラーハウス**がよく用いられる。

トレーラーハウスはハウスと名がついているものの、次の条件を満たせば、車両扱いとされる。

- 随時かつ任意に移動できる状態で設置し、維持継続できる
- 土地側のライフラインとの接続が工具を使用しないで着脱可能
- 適法に公道を走れる

つまり、農地には勝手に建築物を建てられないという点がネックとなってしまいそうなケースは、トレーラーハウスの設置も選択肢のひとつに入るということである。

ちなみに、トレーラーハウスは全長12メートル以下という規定が決められているので、それでも手狭な場合は、複数のトレーラーハウスを検討する必要

も出てくる。

むろん、車両である以上、車検もとらなければならないし、農地までトレーラーハウスを運べなければならない。地盤の耐久性の確認も必須であろう。このようなことを踏まえた上で、建築物としての許可をとりにいくのか、それともトレーラーハウスを設置するのかといった判断は、自前型の場合には必要となるケースが多いので、加筆しておく。

ちなみに、先ほどの条件にあった「土地側のライフラインとの接続」というのは、水道管等のことを指すので、トレーラーハウスの中にトイレやエアコンは設置可能である。

閑話休題。援農型と自前型の話にもどろう。

「当事者」から見た援農型と自前型

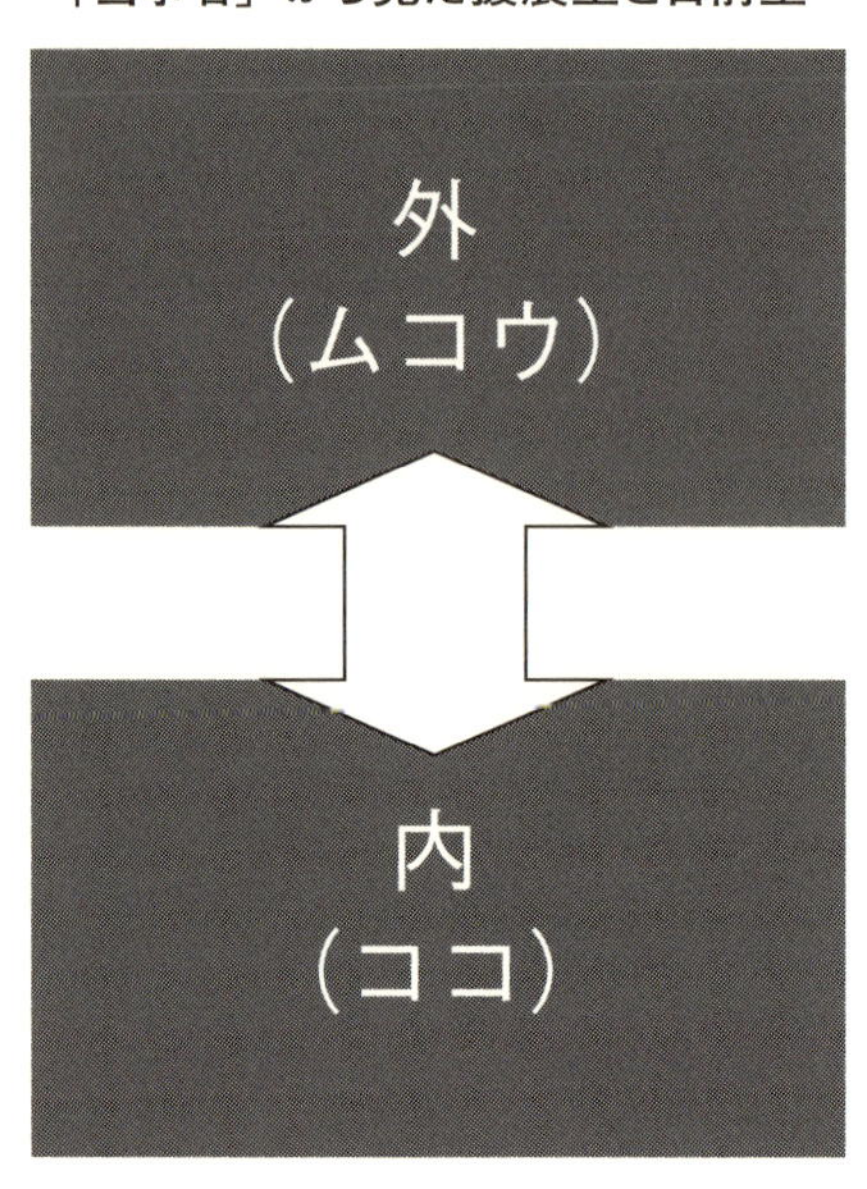

ココとムコウ

人の目は顔の正面に位置しているため、前後の距離感に基づいた物語が多いことは、先に述べたとおりである。

「当事者」がいる場をココとした場合、援農型と自前型は次のように見るとわかりやすい。

- 援農型：ココからムコウへ人が行き、また帰ってくる
- 自前型：ムコウからココへ人が来て、また去っていく

連携する以上、人は少なくとも二つの場を行ったり来たりする。むしろ、**より多様な方々が往来されればされるほど、そのあいだから物語が生まれ、地**

域が活性するともいえよう。

　その意味では、援農型も慣行農法をされている農家に行った次の日は、有機農法をされている農家で仕事をするといったように、多様な農家とのあいだを行ったり来たりされるほうがよい。むろん、慣行農法と有機農法に甲乙をつけずである。

　自前型においても同様で、やはり豊かな人の往来があったほうが面白い。そのためにムコウからココにやってくる方が、多様にいる仕組みをつくられるとよいのではないか。

　例えば、農作業体験会を定期的にひらき、地域福祉事業所の利用者や地域の高齢者、ひきこもり、触法者などが農業と親しむ機会を提供するといった仕組みである。

農園型雇用

　先に述べたとおり、企業参入型ノウフクは着実に普及しつつある。しかし、それと同じように見られがちな農園型障害者雇用（以下、「農園型」と表記）もまたそれ以上に拡大している。

　ノウフクをあまり知らない方にとって、両者は同じように映る。ただ本来的な意味から見れば、まったく異なった取り組みといえよう。最後はこの二つのモデルを行ったり来たりしつつ、あるべき障害者雇用から地域共生社会の実現までを考えていきたい。

　まず企業参入型ノウフクは**正統**であり、農園型は**異端**であると分けてみるところから始めるのも一興かもしれない。あるいは、企業参入型ノウフクは**中**

央で、農園型は**辺境**としてもよい。
持続可能な企業参入型ノウフクは国として推しているのに対し、農園型は2022年に障害者雇用促進法が改正され、「雇用の質の向上に向けた事業主の責務」が明確化されている。さらには、衆・参の厚生労働委員会の附帯決議に、

> 単に雇用率の達成のみを目的として雇用主に代わって障害者に職場や業務を提供するいわゆる障害者雇用代行ビジネスを利用することがないよう、事業主への周知、指導等の措置を検討すること。

とも明記された。このような点を踏まえても、農園型を異端とする、すなわち、ノウフクとは分けて見ることは可能であろう。

さて、そのあくる年の2023年には**農園型障害者雇用問題研究会**（以下、研究会と表記）が開催され、私もその末席に加えていただいた。この研究会は公益財団法人ヤマト福祉財団の助成を受けて実施したものである。

私はこれまで異端派あるいは辺境派をほぼ貫いてきたけれども、農園型に関しては、珍しく正統派あるいは中央派にいるようにしている。農園型の団体から理事をやらないか等のお誘いもあったが、丁重にお断りしてきた。

なぜなら、企業参入型ノウフクにかかわる方々の生き様のほうが、単に好きであったからだ。現時点では、企業参入型ノウフクの収支は基本的に合わない。黒字化も夢のまた夢の現状がある。

そのような中で、親会社を説得したり、頭を下げたりしながら、企業参入型ノウフクの発展と当事者社員の成長を心から願っている方々が少なからずいるのが、企業参入型ノウフク界隈である。私は純粋に、その方々と人生を歩みたいと感じているだけに過ぎない。

帯に「百二十年の時を経てよみがえる、フランス・シンプル思想の源流」と書かれたC・ヴァグネルの

『簡素な生き方』に代弁させてみようか。

> 声高く言いましょう。世の中が保たれているのは、計算にばかりとらわれていない人々のおかげでもあるのです。
>
> 最もすばらしい仕事や最もつらい仕事は、ほとんど、あるいはまったく報われないことも多いものです。（中略）その人の人生において唯一本当に美しい行為だったという例がいかに多いことでしょう。人間にとって必要なのは、一見馬鹿げたそうした行為が、どんどん増えていくことではないでしょうか。
>
> ――『簡素な生き方』Ｃ・ヴァグネルから引用

ただ、本書の立場としては、多様は多様のまま活かしていくというものであった。したがって、農園型を単に批判して終わるのではなく、今後、どのような方法をとれば、あるべき障害者雇用に近づいていくのか、あるいは企業参入型ノウフクと両立していくのかを模索していくこととする。

そのためには、再度、企業参入型ノウフクの取り組みや可能性を深めていき、その後で、農園型における懸念すべき点を整理し、編集可能性を提示していきたい。

企業参入型ノウフク

企業参入型ノウフクにおいては、まず**障害者雇用率**という背景がある。企業がノウフクに参入してきた大きな理由のひとつが、これだ。従業員数がある一定以上の企業は通称、六一報告で毎年障害者雇用の状況を報告しなければならない。

「高年齢者等の雇用の安定等に関する法律

第52条第1項」、「障害者の雇用の促進等に関する法律第43条第7項」において、事業主は、毎年6月1日現在の高年齢者および障害者の雇用状況等を、管轄の公共職業安定所（一部地域では労働局）を経由して厚生労働大臣に報告することが法律で義務付けられています。

―厚生労働省ホームページより引用

障害者雇用率とは、全労働者数に対する障害をお持ちの方の割合で、２０２４年時点では民間企業の場合、２・５％と設定されており、今後その雇用率も上がっていくことが予想される。

もし障害者雇用率が未達成の場合は、不足している障害者数一人につき、毎月障害者雇用納付金を納めなければならず、雇用状況が改善されない場合は、企業名が公表されることもある。

このような背景もあって、特例子会社を中心とした企業参入型ノウフクがにわかに注目を集めた。

２０１９年には**農福連携特例子会社連絡会（ノウトク）**が発足し、企業同士の横の連携も深まっているように見受けられる。

特例子会社とは、単一の親会社だけでなく、関連会社を含めたグループ全体で障害者実雇用率を算定可能とする制度のもと、つくられた子会社になる。

そのメリットとしては、次のようなものが挙げられる。

【事業主にとってのメリット】

- 障害の特性に配慮した仕事の確保・職場環境の整備が容易となり、これにより障害者の能力を十分に引き出すことができる。
- 職場定着率が高まり、生産性の向上が期待できる。
- 障害者の受け入れに当たっての設備投資を集中化できる。
- 親会社と異なる労働条件の設定が可能と

なり、弾力的な雇用管理が可能となる。

【障害者にとってのメリット】

- 特例子会社の設立により、雇用機会の拡大が図られる。
- 障害者に配慮された職場環境の中で、個々人の能力を発揮する機会が確保される。

—厚生労働省ホームページより引用

つまり、当事者が安全に安心して働ける環境整備に集中できる可能性を高められるということである。障害の有無にかかわらず、事故が多い農業を担うノウフクにおいても、様々な配慮が圃場で求められることは、第2章で見てきたとおりで、このような観点から考えても、特例子会社がノウフクに参画するのは自然に映る。

企業参入型ノウフクは、当事者が一般就労をしているという点も忘れてはならない。

したがって、入社後、当事者には社員として**給与**が支払われ、手取りで10万円以上残る場合がほとんどとなる。障害者基礎年金等と合わせれば、自立も視野に入ってくる額ではある。

企業参入型ノウフクの場合は、当事者が事務所まで**自力通勤**できることが条件のところが多い。このあたりは、福祉的就労と異なる部分も多いであろう。

ＪＡは、農業労働力支援の一環としてノウフクを見る傾向にあるから、企業参入型ノウフクとの親和性も高いのではないか。ノウフクに係る多様な価値の中から、戦力となるノウフクを強調したモデルで連携ができそうである。

ノウフク維持の体制

話が大きくなってきたついでに、もう少し企業参入型モデルのスケールを拡大してみたい。

ノウフクに参画した特例子会社は参画よりも、その維持が難しい傾向にある。その理由は様々あるけれども、ひとつは特例子会社の中で「コーディネーター」を担っていた社員の異動がある。また、当初は障害者雇用の促進ということで理解を示していた

グループ会社としてのノウフク体制図案

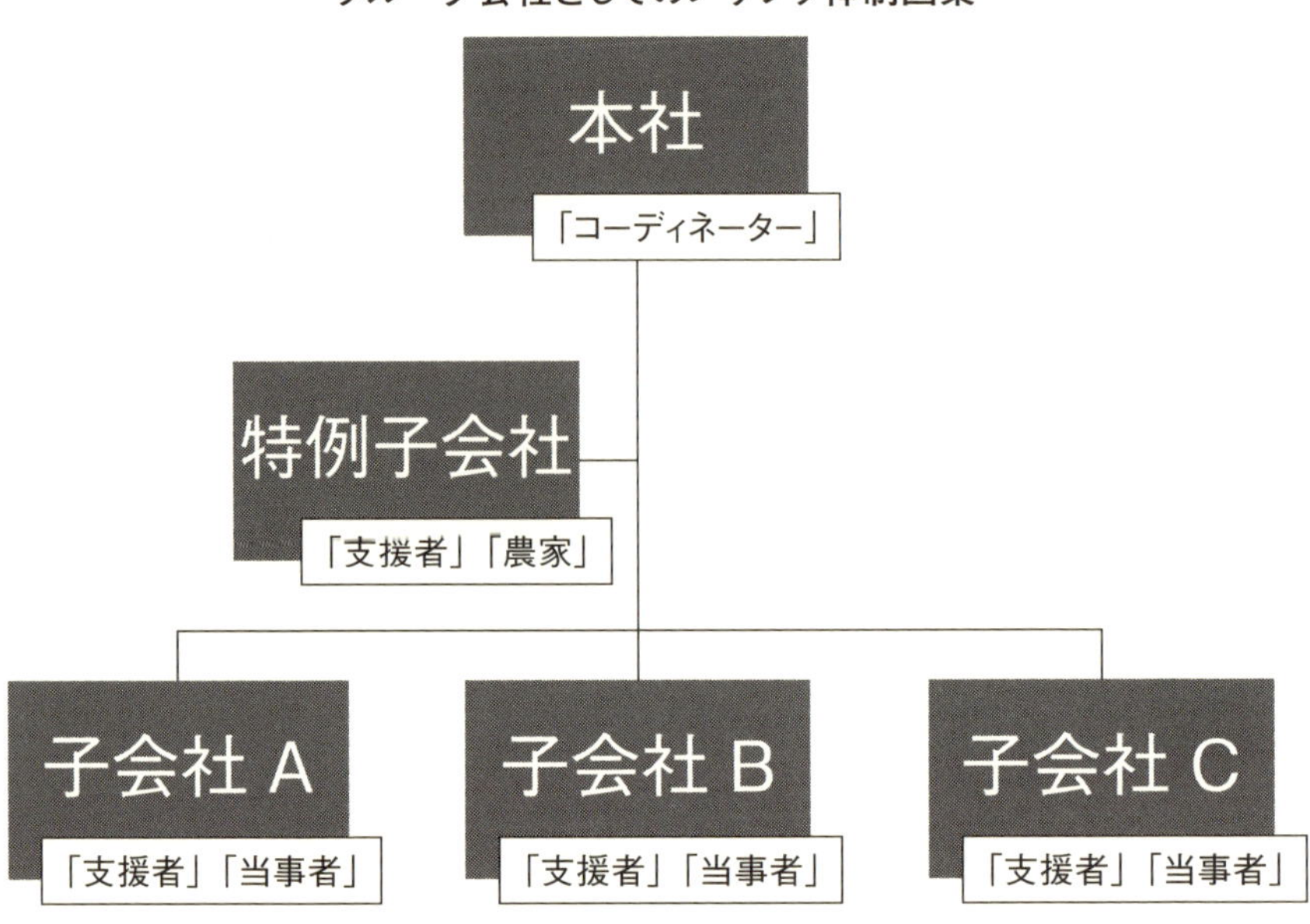

親会社も、幾年か経つと、収支の改善を特例子会社にも求めてくる場合が多い。特例子会社にとって最大の味方であるはずの親会社が、最大の敵になってしまう時分もあるかもしれない。

大企業になればなるほど、雇用すべき当事者の数は多いので、とても特例子会社だけでは厳しい側面も出てきがちだ。特に人材派遣関連を本業としている企業は、派遣社員も常用労働者に入るので、毎年数十人以上の当事者を新たに雇用していかなければならない場合もある。

ノウフクを幾年か続けてきて、農的ノウハウも蓄積してきた特例子会社であっても、課題は山積みなケースも少なくないであろう。

そこで考えられるのが、特例子会社を中心としたグループ会社全体でのノウフクは選択肢のひとつとしてあり得るかもしれない。本社が「コーディネーター」を担い、各子会社と特例子会社を連携させていく。特例子会社には、グループ全体の「支援者」と「農家」を担ってもらい、各子会社の当事者雇用の担当者に、福祉的ノウハウや農的ノウハウを共有していく。

結局、何をお伝えしたいかというと、**「農家」「当事者」「利用者」「コーディネーター」を割当てられれば、大きなモデルから小さなモデルまでノウフクにできる**ということである。

例えば、都心の事務所の屋上で、企業が家庭菜園規模の農業を当事者社員と共に始めたとしたならば、それは既に立派なノウフクである。もしかしたら、その当事者社員の「支援者」が無意識に、「農家」や「コーディネーター」の仕事もこなされている場合も少なくない。

規模の代償よりも企業参入型ノウフクにおいて大切なのは、**本業と農業のあいだ**になる。つまり、**なぜその企業が農業をするのか**といったものに対して、自然な答えを用意しておいたほうがよい。

例えば、食品関連会社や農機具関連会社がノウフクに参画するのは、自然な流れに感じる。ところが、先ほども少し述べたが、人材派遣会社がノウフクをすることには、違和感を抱かないだろうか。しかしながら、そのノウフクが援農型であったなら、途端に本業と農業の親和性が出てくる。なぜなら、ノウフクでは「派遣」という言葉は用いられないけれども、援農モデルそれ自体が、派遣モデルと相似であるからだ。

このように、農業界隈と類似や相似するものを見つけて、本業とノウフクのあいだに架け橋を担える関係性を言語化されたほうがよい。後述する農園型とも関連するところであるが、**ノウフクを通じて社会にどのように貢献していくのか**といった目的（パーパス）を明確にしておくべきだということである。

社会貢献への土台

ノウフクの方法そのものを深めていくことで、CSR（企業の社会的責任）やサステナビリティ（持続可能性）、ESG経営（環境や社会貢献などの取り組み姿勢を示す企業経営）といったものに、企業全体が貢献する土台ができていくのではないだろうか。

東海大の濱田健司教授は以前より「ノウフク＋α」の可能性を指摘されてこられた。企業参入型ノウフ

ノウフクで貢献する可能性が高いSDGs達成目標

SDGsはSustainable Development Goalsの略で、「持続可能な開発目標」のことである。「だれひとり取り残さない」を理念に17ゴールの課題が示されており、2015年9月に「国連持続可能な開発サミット」で採択された。ここでは、そのうちのノウフクとの関連のある10のゴールを取り上げた

注：農林水産省HPより引用

クはまさに、アルファに企業が入った形のモデルであるが、これだけでも多様な可能性が広がっている。近年では、アルファに伝統や流通を入れてはどうだろうかという動きも注目されており、実に将来性のある取り組みに化けていくと思われる。

さらに、本書の冒頭でも述べたが、掛け算となる連携にもぜひ、挑んでいただきたい。掛け算の連携とは、あまり対称性を感じられないものを組み合わせるといった方法をとる。例えば、**空間と時間をズラしてなお、相似や類似を感じるものとノウフクを編んでみる**等である。

すると、中世の西欧で修道院が当事者と共にノウフクのような歴史が見えてくるかもしれないし、そこから令和の神社仏閣におけるノウフクの可能性へと途端にイメージが飛んだってよいであろう。ともかくにも、**イメージから言葉を省き、身体から意志を遠のける遊び**をされたほうがよい。そうすれば、イメージも身体も共に澄んでいく。

企業参入型ノウフクにおいてでさえも、いったん、当事者を信じ、損得勘定を遠のけることだ。このよ

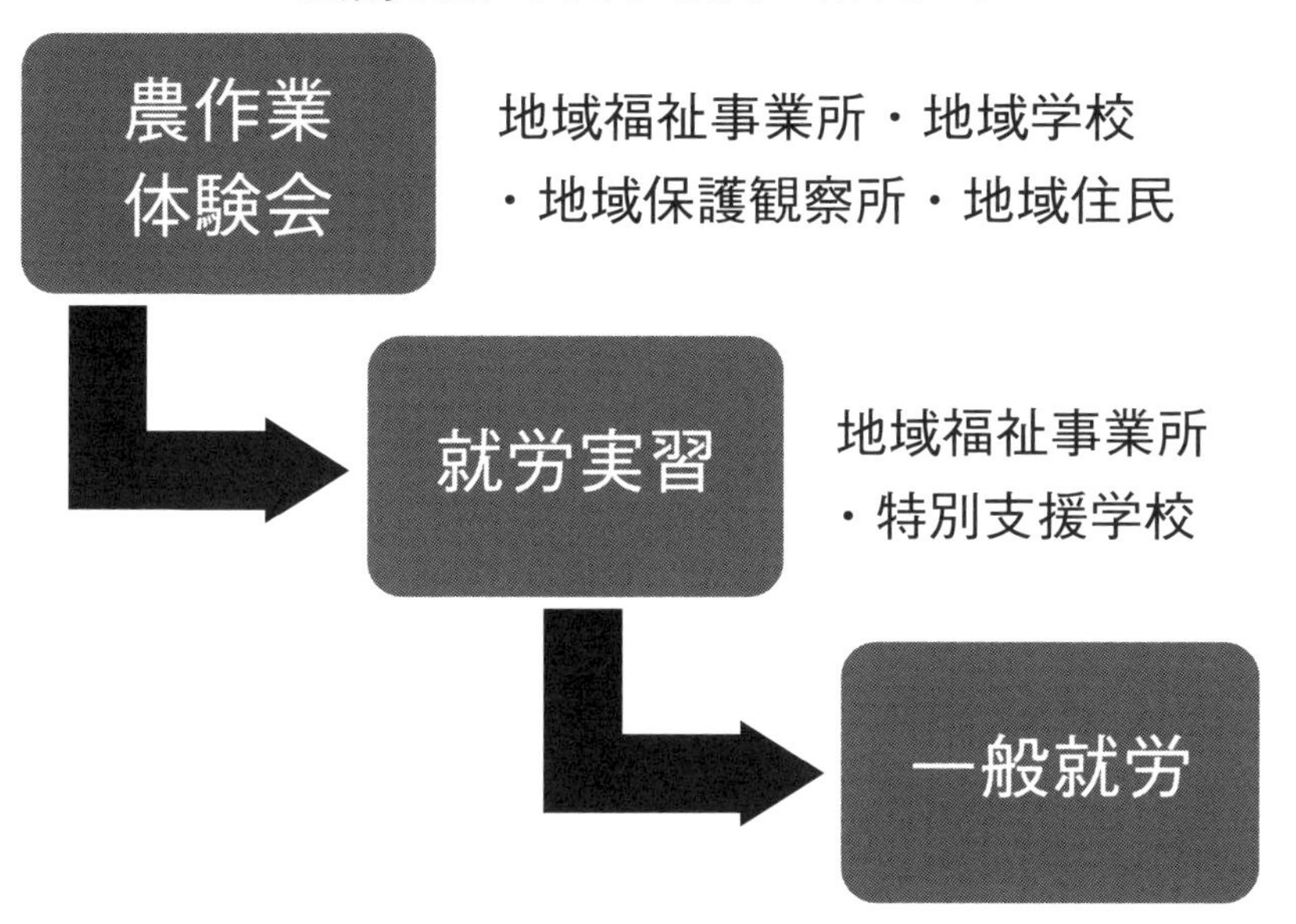

うな回り道を選んだほうが、金融の価値が下がっている今、かえって社会的に価値が上がる取り組みへと自然に掛け合わさっていく可能性が高い。

多様な「当事者」とご縁を頂戴していくのだ。

企業側もたくさんの選択肢を用意しておいたほうが自然であろう。

例えば、一般就労と福祉的就労の境界線を福祉事業所と相談しながら引き直し、一般就労に疲れてしまった当事者社員が、また福祉的就労にもどり、元気を取りもどしたら、再度一般就労に向かうといった制度づくりも肝要となってくる。

地域インクルージョンへ

一般就労と福祉的就労のあいだを互いの「支援者」も含め、「当事者」が行ったり来たりすることで、両者の垣根があるべきようになっていく。

また、企業側で精神的に疲れてしまった社員に対しても、リワークの一環として、ノウフクの現場で当事者と共に農作業をしていただくのも機能しやすい。

企業においても、**ダイバーシティー・インクルージョン（Diversity Inclusion）**が重視されて、久しい。直訳すれば、「多様性の内包」になる。したがって、企業参入型ノウフクにおいては、**地域インクルージョン**もされたほうがよい場合が多い。

例えば、企業のほうで地域と連携しながら、**農作業体験会**を定期的に行うということだ。その参加者の中から一般就労に興味がある当事者がいたら、**就労実習**へと進む機会を提供できる。就労実習は、もちろん企業によって異なるけれども、通常は約二週間程度行われる。農作業体験会は楽しかった当事者も、実際に就労として農作業をするのはどのようなものかという体験ができるし、企業側もその当事者の特性を把握できる機会となり得る。

就労期間中の仕事の切り出しは、**巧緻性1・最多注意配分数1の農作業から始め、巧緻性3・最多注意配分数3程度までの農作業を実習生にやっていただく**と、その実習生の農業技術に関する**アセスメントも作成**できる。

また、農作業体験会を地域福祉事業所や特別支援学校だけに門戸をひらいていくのでは、もったいない。障害をお持ちの方はもちろんのこと、不登校の子どもや認知症高齢者、畑に来られるのであれば、引きこもりの方、昔、罪を犯してしまった触法者、リワーク中の社員、地域にお住まいの外国人等、多様な方々に農作業を体験していただける機会となれば、すばらしいではないだろうか。

もちろん、生きづらさを特に抱えていない方とも積極的な交流を持つ機会になり得る。最初は、対象者ごとに分けた農作業体験会を実施したほうがよいけれども、徐々に慣れてきたのならば、例えば、既に一般就労している当事者が、地域住民に農園を案内する等の交流も視野に入ってくる。

加工ができる福祉事業所が近くにあったなら、そこに収穫した農作物の加工を発注しても、可能性が広がっていく。それが**地域の伝統野菜**であれば、なお、物語的になっていく。

さらに、農作業体験会で生まれたご縁がきっかけで、地域飲食店への販路が決まることも少なくない。その飲食店から出た廃棄物が、もしコンポスト等で

企業参入型ノウフク〈（援農）モデル〉におけるロール

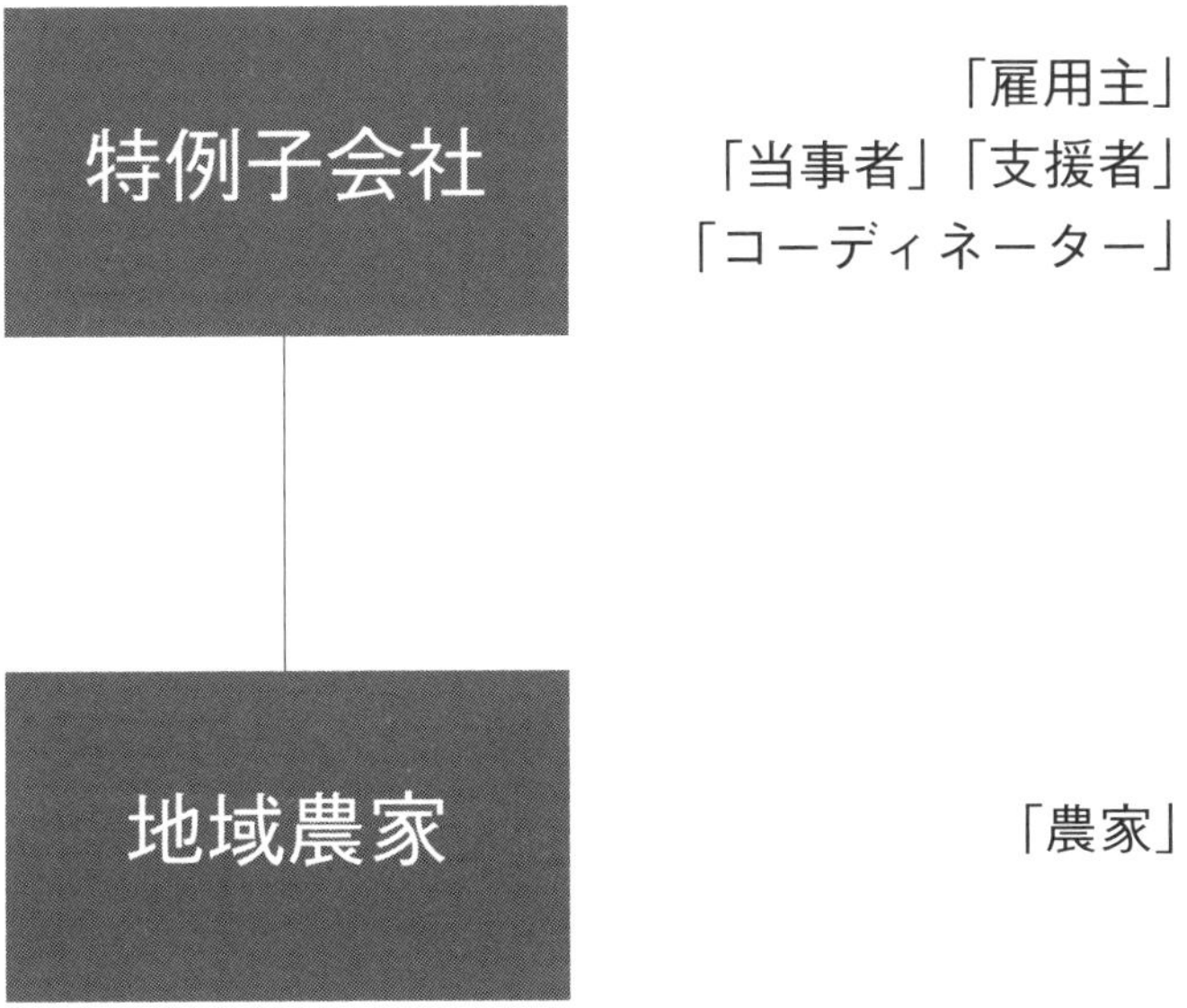

特例子会社	「雇用主」 「当事者」「支援者」 「コーディネーター」
地域農家	「農家」

肥料にできるなら、ちいさいながらも**地域循環農法**を始めることができよう。

特別支援学級の有無にかかわらず、地域学校の生徒が校外学習として、農作業体験をし、生徒たちが播種した農作物をノウフクで管理するのも、地域インクルージョンにつながっていく。

一般就労は難しいであろうが、可能であれば、保護観察官が「支援者」を担い、触法者の方々にも農作業体験会をしていただければ、ますますダイバーシティ・インクルージョンは深まるのではないか。

このように、ノウフクに企業が＋アルファされただけで、一気に地域貢献につながる可能性が高まる。やはり互いに知る機会というのは重要で、その多様な交流を生み出すことができるというのは、**農業そのものの力と当事者の才能**だと思われる。

農園型障害者雇用問題

これまでノウフクとは、前述のとおり次々と網羅

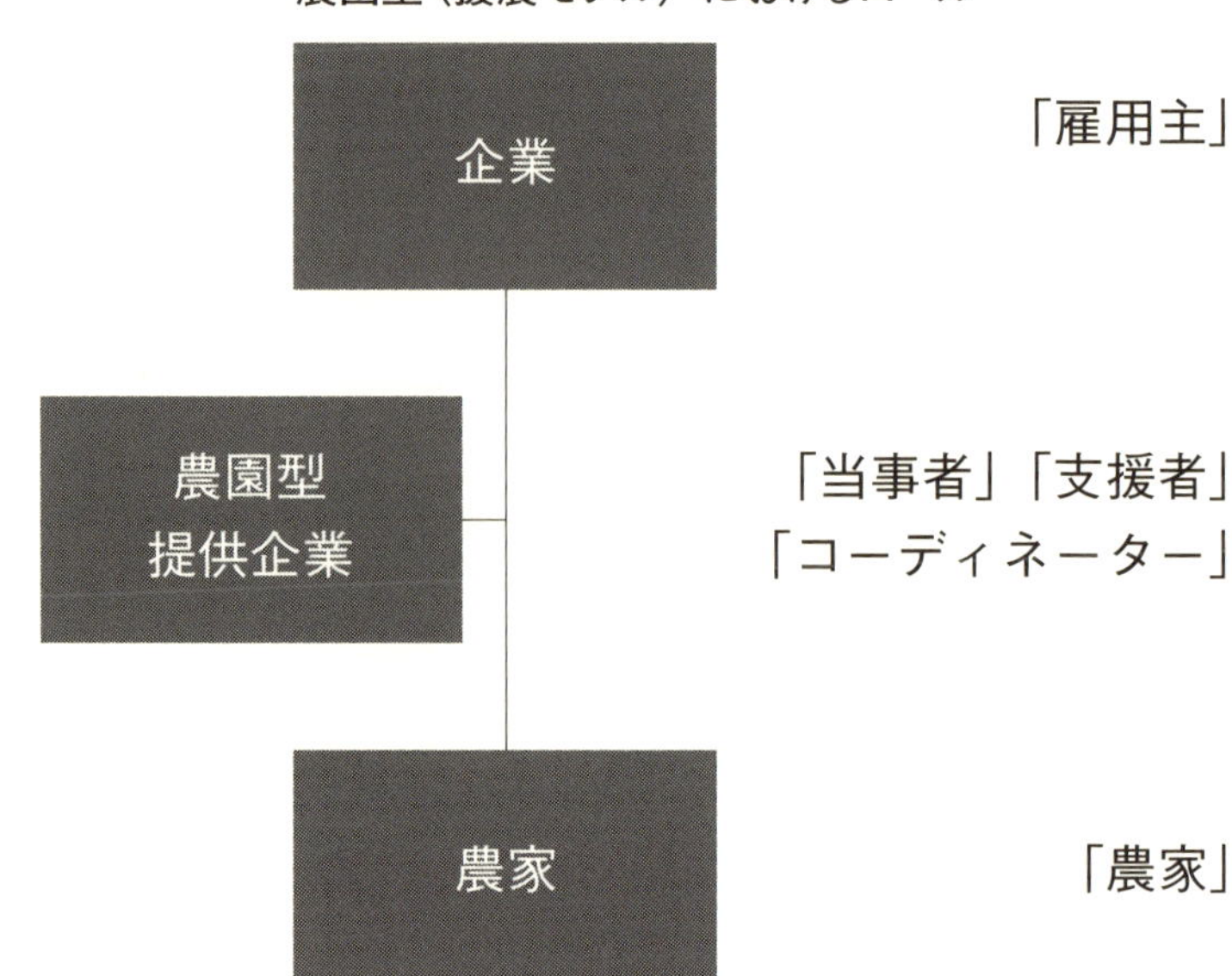

していく様のカバレッジであるべきだという視点のもと、多様な異なる者同士が連携できる方法を述べてきた。農業も福祉も広義に考え、より多様な方々が参画できる場となれば面白い。しかし、わざわざ農園型をノウフクに含めていないのには、理由がある。

その理由は、これから農園型を説明していくので、読者自身に感じとっていただきたい。

まず農園型のビジネスをされている企業は既に多く、一言で農園型といっても、実はかなり多様である。共通しているのは**雇用主であるはずの企業が、「農家」「支援者」「コーディネーター」のいずれの機能もほぼ担っていない**という点が挙げられる。

別の企業が代行

では、誰が「当事者」をコーディネートし、現場での支援と農業技術の指導をしているかといえば、**別の企業が代行で行っている**のである。つまり、下手をすれば、雇用主である企業の当事者雇用担当者は、当事者本人となんら面識がないケースも出てき

農園型における基礎ユニット

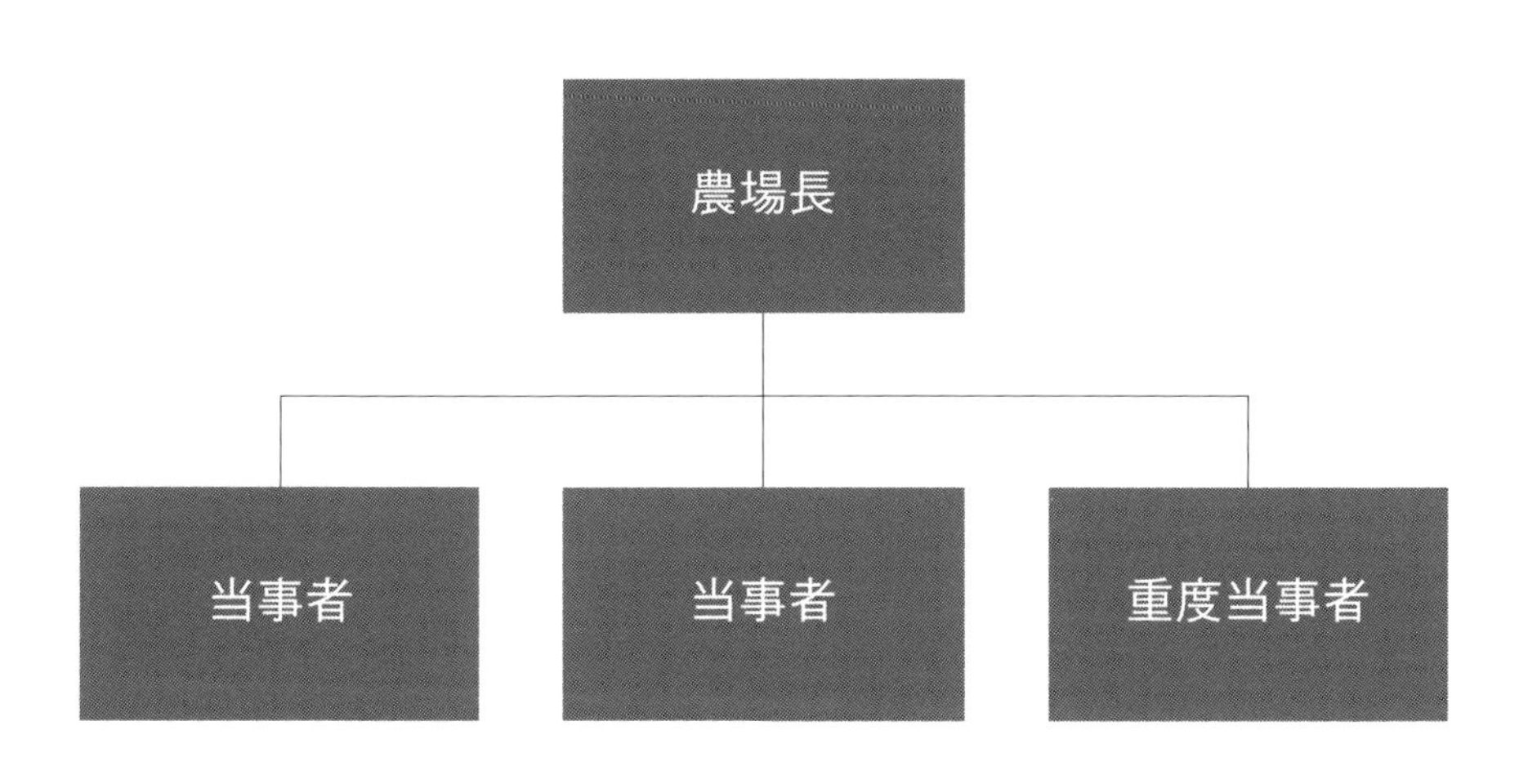

てしまう。要は、障害者雇用率の達成のためだけに、たまたま農業が使われているだけのモデルに過ぎない。

具体的に、企業参入型ノウフクと農園型を比較していこう。

両者とも自前型と援農型があるけれども、後者のほうがわかりやすいので、援農型で説明していきたい。企業参入型ノウフクでいえば、ヨコスカ農福連携モデルのことである。

その前に、農園型を考えていく上で**「雇用主」**というロールを切り出しておく。通常の企業参入型ノウフクであれば、このようなことをする必要がない。なぜならば、「当事者」の「雇用主」はそのノウフク事業を運営している企業に決まっているからだ。

企業参入型ノウフクでいえば、特例子会社が「当事者」「支援者」「コーディネーター」を担って、地域農家に援農しに行くのだけれども、この場合の「雇用主」はむろん、その特例子会社になる。したがって、農園型を考えるときだけ、便宜的に特例子会社に**「雇用主」**「当事者」「支援者」「コーディネーター」

のロールを記しておいた。

農園型の場合は、利用企業のロールが「雇用主」だけになる。どういうことになっているか、わかるだろうか。本来は雇用主である企業が担うべき「当事者」「支援者」「コーディネーター」のロールを農園型サービスの提供企業が代行して、全て担うのである。この代行にかかる費用も様々であるが、一ユニットの代行で、年間1000万円以上、経費として支払われている事例が多く見られる。

要は、当事者から見れば、雇用主であるはずの企業に対し、帰属意識が持てず、実質上、農園型サービス提供企業で働いているという認識になってしまいがちということだ。

雇用管理が不充分

同時に、「雇用主」の利用企業側のほうも、自社の取り組みとして捉えづらくなり、結果、**雇用管理が適切になされていないケースが少なくない。**こうなれば当たり前の話であるが、障害者雇用に係る企業努力は皆無になってしまう。

また、農園型の基礎ユニットは、前頁の図のようなものになる。

現場では、農場長という肩書の方が重度当事者を含む3名の当事者を管理されている場合が多い。重度知的当事者や重度身体障害者が週に30時間以上労働するならば、障害者雇用率の算定において2ポイントつくため、ユニット全体では4ポイント加算される計算になる。

一見、企業参入型ノウフクのユニットと似ているが、農園型の場合、実際は、農場長が名ばかりで、「支援者」や「農家」のロールを担っているとは言い難い事例も散見できる。

むろん、農園型サービスを提供する企業も多様であるから、学会等と連携しつつ、手厚い当事者支援を行っているところも存在する。しかし、それはそれで余計に雇用主である企業が農園型サービスに頼り切りになってしまって、かえって雇用管理が不充分になってしまっている場合もある。やはり、雇用主である企業と実質的な運営企業のズレは、どうしても問題となることが多い。

農園型の改善点

逆に考えれば、農園型サービス提供企業が雇用主の企業側に対し、徐々にロールを譲っていくことで、農園型は企業参入型ノウフクに近づく可能性が出てくる。具体的には、次の方法を提案したい。

- 農園型サービス提供企業は、持続可能な「支援者」となり得る農場長を配置する。あるいは、農場長が農福連携技術支援者的な視点を深めるための機会を増やす。つまり、当事者の特性に合った作業細分化と作業割当てを工夫し、当事者の才能が開花するような環境を整えていく。
- 農園型サービス提供企業が担っていた「支援者」のロールを徐々に、雇用主の企業に移し、雇用管理をしっかりとしたものにしていく。そのためには契約期間を基本的に1年更新とし、農園型を持続可能な企業参入型ノウフクに移行するための補助手段として用い、数年後には農園型サービスを用いなくても、雇用主の企業が自立して当事者雇用ができる体制へと変えていく。

これに加え、農園型で問題視されるのは、当事者の仕事の内容である。こちらも農園型の全てに当てはまるわけではないものの、パミスサンドという軽石を使用したフィールド溶液栽培といった当事者の働きがいにとてもつながらないような仕事の切り出しがなされている事例もある。あるいは、当事者がかかわってできた作物が市場に出ず、販売されないということも少なくない。

こちらも含めると、さらに次の改善方法も見えてくる。

- 農場主が「農家」の視点も深め、出口戦略を立てながら作付計画を行い、当事者たちによってつくられた農作物がきちんと販売される事業を展開していく。

結局、このあたりが改善されていかないと、やはり代行ビジネスとして捉えられる可能性が高くなるであろう。要は、部屋に1ユニット入ってもらい、そこでパソコンを当事者が好きなようにいじることを労働としてカウントするようなビジネスモデルと変わらなくなってしまう。

これではやはりノウフクとは言い難い。

私が企業参入型ノウフクと農園型を分けた所以である。

逆に、ノウフクと農園型の垣根をとり、本来的な意味で相互になじむためには、やはり両者のあいだを行ったり来たりすることが必要かと思われる。まずは雇用主である企業の当事者担当者が、「支援者」としてのサブパーソナリティも持ちながら、ノウフクと農園型のあいだを往来し、理解を深めたほうがよいであろう。

「雇用主」側の「支援者」の往来に目途がついたなら、「当事者」にも一緒に行ったり来たりしていただくと、さらに垣根はとり外されていくであろう。少なくとも、「当事者」の入社式は圃場で行ってもよいが、できるなら本社でなさるべきである。自社の「当事者」なのだから、しごく自然なことだ。

普段、畑で元気な「当事者」でも、正装で入社式に行く体験は、非常に緊張する場合もある。しかし、「当事者」の過度なストレスにならないのであれば、その緊張感というのは、よき想い出になるのではないだろうか。

また、持続可能な企業参入型ノウフクを展開しながら、農園型も利用している企業も既にある。このような企業の存在は、逆に新たな可能性を拓いていくのかもしれない。

より詳細に農園型の内容を知りたい方は、**『農園型障害者雇用問題研究会報告書』**を検索し、ご覧いただければと思う。

地域共生社会の実現

第1章と第2章では、農業と福祉の細分化をすることで、それぞれの理解を深めた。第3章では、農業と福祉の連携する方法を述べてきたわけだが、逆に言えば、細分化して相互に頭でわかっただけでは、本質的な連携にはなりにくいということである。

握手の例えにもどると、グーとパーで握手をし、お互いがグーとパーで違うのだと知的に理解したに過ぎない。要は、まだなじんでいないのである。

そこで本章では、相互に理解したあとの連携方法をお伝えしてきたつもりである。

農業と福祉を連携したいのであれば、多様な方々が農業と福祉のあいだを行ったり来たりすることが肝要ということであった。もちろん、「当事者」だけでなく、「支援者」や「農家」、「コーディネーター」も往来したほうが、垣根がなくなっていく。

そのためには、「コーディネーター」のところでお伝えしたマレビトやトリックスター的なサブパーソナリティを、各ロールが持てるなら持ったほうがよいということでもある。

こうした人々の往来と交流が、境界線を日々移ろわせ、徐々に異なる者同士がなじんでいく、すなわち連携がとれていくということである。

この方法は、ノウフクに企業が＋アルファされた企業参入型ノウフクにおいても同様であった。やはり企業の担当者が、企業とノウフクのあいだを行ったり来たりしなければならない。あまりにお手軽な障害者雇用に走ってしまうと、関係者の往来も消え、ノウフクが農園型へと傾いていってしまう。

逆に、ノウフクの関係者が地域とのあいだを行ったり来たりするならば、徐々に地域住民となじんでいき、おのずと地域共生社会が構築されていく。地域共生社会を定義するならば、

> 制度・分野ごとの「縦割り」や「支え手」「受け手」という関係を超えて、地域住民や地域の多様な主体が参画し、人と人、人と資源が世代や分野を超えてつながることで、住民一人ひとりの暮らしと生きがい、地域をともに創っていく社会を指しています。
> —厚生労働省ホームページより引用

ということであり、**「誰もが役割を持てる社会」**

のことである。

地域共生社会は、自然発生的（spontaneous）あるいは自動詞的（unaccusative）なプロセスを辿って、実現できるのが望ましい。誰かが意図的にロールを割当てたところで、それは共生ではなく、強制社会に陥ってしまう。要は、地域の方々がそれぞれ身勝手に往来していたら、おのずと多様な方々となじめるよき社会ができてしまったというのが、共生ということである。共生に計算が入ってしまったら、その関係性は寄生へと変わってしまう。

極論をいえば、地域共生社会の構築には、知性で互いにわかり合っている状態は必須ではない。必要不可欠なのは、身の領域で互いになじんでいるか否かである。その証拠に、持続可能な有機農法が行われている土壌では、多様な生物が共生しているが、彼らは互いに知っているわけでなく、ただなじんでいるだけに過ぎない。

おそらく地上も地中も、共生関係を構築する方法は相似であろう。であるならば、やはりその実現方法も自然から学んだほうがよい。

このようなことを踏まえていくと、地域共生社会の実現においては、境界線を正確に引いていくという方法よりも、**適切なロールを担った人の往来で境界線を不明瞭にしていく方法**が適しているように見受けられる。ちなみに前者はデカルトに代表されるように西欧的で、後者は実は近代化以前の日本的である。やはりここでも東西を和合させる方法はとっていきたいところだ。

グーとパーの握手をなじませる二番目によい方法は、**己の内側の境界線を消す**ことである。例えば、人体は背骨があるから、左右に分かれるわけで、イメージで背骨を消してしまえば、内側でなじみはじめる。むろん、解剖学的な体で背骨を消すなんて無茶な話だけれども、身の領域で背骨を消すのは造作のないことである。この**己の内側がなじんだ状態で握手をするならば、たとえ相手が異なる世界観（ここで言うならば、グーとパー）であっても、共生していける**のである。最もよい方法は伏せておくから、読者自身でいろいろと試していただきたい。皆さまの眼前にある方法のひとつに注意を配分するだけである。

さて、当事者が農業をするといった意味でのノウフクの歴史は古く、そのはじまりは定かではない。しかし、少なくとも江戸時代には既にノウフクの原型といえるような取り組みが行われていたと個人的には考えている。

むろん、それは当事者と共にといった意識ではなかったであろうし、「ノウフク」という用語が使われるのも、まだまだ先のことであるが、当事者が農業で活躍されていたのであれば、それはノウフクの原型と見てよい取り組みではないか。むしろ、健常者と当事者という分け方をしていなかったぶん、地域共生社会が構築されていた可能性が高い。

ところで、「障害」という用語自体は、平安時代末期から明治時代まで一般的に使われていた「障碍」という仏教用語から生まれたものになる。「障碍」も「障害」も「妨げるもの」といった意味である。もっとも、これらは「しょうげ」と読まれていたが、この「しょうげ」が「しょうがい」と次第に読まれるようになったのは、明治維新前後からであった。そして、その「障害」は大正時代に定着し、１９５０年に「身体障害者福祉法」が施行される運びとなる。

ノウフクの原型は、点在的に全国各地で取り組まれ、２０１０年、用語が定着した現代の「農福連携」へとつながっていった、この年から、言葉と共に取り組みも一気に普及していくこととなる。

その後の展開は以下のとおりである。

【ノウフク界隈の歴史】

２００６年　「障害者自立支援法」施行
　※企業による福祉事業所の運営開始
　コクヨ株式会社の特例子会社であるハートランド株式会社が水耕栽培を開始（企業参入型ノウフクのはじまり）

２００７年　「重点施策実施５か年計画」（障害者施策推進本部）
　※農業分野における障害者雇用の促進

２０１０年　鳥取県が全国初の「鳥取発！農福連携モデル事業」を開始
２０１３年　「農福連携」という用語の一般化
企業参入型ノウフクの増加
「障害者総合支援法」施行
企業の法定雇用率が２・０％に
２０１４年　「障害者差別解消法」「障害者雇用促進法」施行
２０１５年　「合理的配慮指針」公表
２０１６年　国の計画に「農福連携」が明記
「ニッポン一億総活躍プラン」
※障害者の心身によき影響を与える農福連携推進
「未来投資戦略２０１８（成長戦略）」
※高齢者・障害者・生活困窮者の就労を促進
２０１７年　全国農福連携推進協議会設立
「ノウフク」という用語の一般化
２０１８年　企業の法定雇用率が２・２％に
一般社団法人日本農福連携協会設立

２０１９年　ノウフクの取り組み主体数が４０００以上に
法務省・文部科学省が参画
「農福連携等推進ビジョン」決定
農福連携特例子会社連絡会発足
「ノウフクＪＡＳ」制定、「ノウフクＪＡＳ認証」第一号
２０２０年　農福連携等応援コンソーシアム設立
農福連携技術支援者育成研修（第一期）開催
農福連携等応援コンソーシアムによる「ノウフク・アワード」初開催
２０２１年　ノウフクの取り組み主体数が５０００以上に
企業の障害者雇用率が２・３％に
２０２４年　ノウフクの取組主体数が７０００以上に
障害者雇用率が２・５％に引き上げ
「農福連携等推進ビジョン（２０２４改訂版）」決定

「食料・農業・農村基本法」改正
　※第46条に「農福連携」が新設
「スマート農業技術活用促進法」施行

ノウフクに係る取り組み主体数の増加からもわかるように、ノウフクはますます注目を浴びるようになり、国の事業としての重要性も確実に認識され始めている。

２０２４年の取り組み主体数は７０００を越えているが、この数字は全国の書店数と比較するとわかりやすいかもしれない。ご存じのように、出版業界も大変厳しい状態にあり、奇しくも２０２４年でノウフクの取り組み主体数と全国の書店数が逆転すると思われる。既に全国の書店数は８０００を切っているからだ。

昔は街に本屋が一軒はふつうにあり、店主の個性がにじみ出ている店も少なくなかった。おそらくノウフクは、昔の書店のように地域にとって当たり前にある取り組みになっていくのではないか。

一方、書店のほうはさらに厳しくなっていくことが予想される。だからといって、本屋が地域から消えるのは、その地域の文化もまた失わていくことを意味する。

我が国には、晴耕雨読という言葉もある。個人的には、読書×ノウフクの可能性も進めていきたいところである。もし可能であれば、読者の方もできる限り、街の本屋から買うようにしていただきたい。たしかに手間がかかるが、またその手間もよいではないか。

閑話休題。

ノウフクは地域共生社会への礎となり得る取り組みに既になっている。まずは地域の農業を細分化し、福祉でも担える農作業を見つけてきた。その細分化から生まれた工程は、巧緻性と最多注意配分数を両輪とした難易度評価や、当事者の特性を配慮した作業割当てによって、より当事者の才能が活かされやすい環境へと変化していく。

ノウフクを中心として、多様な方が自然な形で連携していく様は、まさに地域共生社会のはじまりをも思わせる。持続可能に連携する方法は、客観的に互いの違いを知り、分類するだけでなく、その違いを知った上で、主観的に、あるいは身体的に互いになじもうとする姿勢も肝要であると第3章では述べてきた。

　そのためには、「農家」「当事者」「支援者」「コーディネーター」を中心としたロールを担った方々が、連携すべき農業と福祉のあいだをカワルガワル行ったり来たりするシステムを構築することである。この多様な往来が、物事の境界を曖昧にし、異なる者同士をなじませていく。

　一座建立の美。

　ノウフクに係る者が、各々のあるべき方向へと歩んでいく姿はかくも美しいものである。

◆面影・第3章ノート

　各章の副題は次のとおりであった。

第1章：ワケルとワカル
第2章：ワカルとカワル
第3章：カワルガワル

　細分化により物事がわかれば、世界の見方が変わる。ただ、それだけでは本来の連携になりにくいから、代わる代わるロール交換をしていったほうが、地域共生社会の構築につながるといったことをシンプルなカタカナで示したかっただけだ。あるときは「当事者」が「農家」も少し担い、またあるときは「コーディネーター」が「支援者」を担っても、「農家」を担ってもよい。

　私たちの内側には、サブパーソナリティという「たくさんの私」がおり、多様なままひとりの人間としての自我を保っている節がある。機会があれば、「当事者」がどのような世界観で、何を感じているのか、圃場で共に感じてみるのも、カワルガワルのうちに入るのではないだろうか。

　企業参入型ノウフクにおいても、多様な方々がかかわっていく場がつくられるとよい。農作業体験では、地域の福祉事業所にいる利用者はもちろんのこと、特別支援学校の校外学習としても機能させることによって、企業が地域インクルージョンに貢献できるといったことも期待できる。

一方、農園型の中には、分けて終わりの事例も少なくない。「当事者」にあまりやりがいを感じない仕事を割当て、それで終えてしまうことが、果たして代行なのだろうか。「雇用主」しか担おうとしない企業は、その手軽さにも注意をなさったほうがよい。逆に、「当事者」や「支援者」が「雇用主」の企業と農園型サービス企業のあいだを行ったり来たりし始めたのなら、それはノウフクに近づく可能性があることも示した。

日々移ろう農業と福祉の交差を美しく編集するのは、「コーディネーター」であった。コーディネーターがノウフクを調整したあとの景色が美しければ、そのノウフクはさらなる多様な連携を重ねていく可能性を秘めている。

国のほうも、既に法務省の方が農水省に出向等をなさって、ノウフクの普及啓発でご活躍をされているが、農林水産省・厚生労働省・法務省・文部科学省の四省庁のあいだを、より多様な人材が行ったり来たりなさったほうがよいと思う。

物語は人がムコウに行き、またココに還ることで立ち昇ってくるのだから。

D・モントゴメリー『土の文明史』築地書館
C・G・ユング『元型論』紀伊國屋書店
吉岡幸雄『日本の色辞典』紫紅社
吉田行郷『農福連携が農業と地域をおもしろくする』コトノネ
R・ラッカー『四次元の冒険』工作舎
J・R・リベラ『月と農業』農山漁村文化協会
T. Appenzeller|The End of Cheap Oil National Geographic 205
N. Blackbyr|The Johari Window Model Coach LLC Publishing
R. Declerck（1979）Aspect and the Bounded/Unbounded（Telic/Atelic）Distinction」
Masanobu Fukuoka|The Dragonfly Will Be the Messiah Penguin Classics.
R. Jackendoff（1991）Parts and Boundaries
R. Levitas|The Inclusive Society? Social Exclusion and New Labour Palgrave Macmillan
D. Marr|Vision MIT Press
T. Myers Elsevier|Anatomy Trains
H. Noguchi（2003）The Idea of the Body in Japanese Culture and its Dismantlement International Journal of Sport and Health Science
M. Raheb|Towards Inclusive Societies: Middle Eastern Perspectives Independently published
R. M. Smullyan|The Tao Is Silent Harper One
R. S. Ulrich|The biophilia hypothesis. Biophilia, biophobia, and natural landscapes. Island Press.
A. N. Whitehead|Science and The Modern World
K. Wilber|No Boundary: Eastern and Western Approaches to Personal Growth Shambhala
M. Yoneyama（2011）Motion Events in English and Japanese

◆主な参考・引用文献

『農福連携技術支援者育成研修テキスト Vol.5』 農林水産省
『農園型障害者雇用問題研究会報告書』日本農福連携協会
H・アレント『人間の条件』中央公論社
網野善彦『日本中世の百姓と職能民』平凡社
伊藤荘堂『心鏡』荘和会
猪瀬浩平『野生のしっそう』ミシマ社
ヴァイツゼッカー『ゲシュタルトクライス』みすず書房
C・ヴァグネル『簡素な生き方』講談社
ヴァレリー『テスト氏』現代思潮社
上野清『易学の研究』歴史図書社
日本園芸福祉普及協会編『園芸福祉入門』創森社
近藤龍良編『農福連携による障がい者就農』創森社
岡本よりたか『おひとり農業』内外出版社
奥田正造『茶味』鎌倉書房
笠井叡『金鱗の鰓を取り置く術』現代思潮新社
J・キャンベル B・モイヤーズ『神話の力』早川書房
清水克衛・執行草舟・吉田晋彩・西田文郎・寺田一清『耆に学ぶ』エイチエス
杉浦康平『多主語的なアジア』工作舎
鈴木厚志『ユニバーサル農業〜京丸園の農業／福祉／経営〜』創森社
竹中均『自閉症が文化をつくる』世界思想社
豊田正博『農福連携　人と作業のマッチング・ハンドブック』ひょうご農林機構
豊田正博・金子みどり・横田優子・浅井志穂・札埜高志・城山 豊.（2016）「知的障害者就労支援における農作業分析と難易評価法の開発. 人間・植物関係学会雑誌. 15（2）:1-10」
中西旭『能動的道徳共同体の贈り物』フェリシモ
W・ハイゼンベルク『部分と全体』みすず書房
L・ハイド『トリックスターの系譜』法政大学出版局
濱田健司『農福連携の「里マチ」づくり』鹿島出版会
濱田健司著『農の福祉力で地域が輝く〜農福+α連携の新展開〜』創森社
福岡正信『自然農法』春秋社
H・ブルーメンベルク『世界の読解可能性』法政大学出版局
G・ベイトソン『精神と自然』思索社
松岡正剛『概念工事』工作舎

あとがき

多様なものを多様なまま扱うためには、必ず方法が必要になる。

本書では、その方法を余すところなくお伝えしてきたつもりだが、最後はやや抽象度を上げて、見直していきたい。

まず、冒頭で述べたことは、ノウフクは「農福連携」の略で、文字どおり、農業と福祉が連携して、相互によき影響を与える方法という定義であった。**そもそもノウフク自体が方法なのだから、やはりその全体も方法的に見ていくことが自然である。**


第1章の「農業の細分化」では結局、農業を分けることで、**ノウフクの構造**をつくったということに他ならない。しかし、構造ができたところで、何もしなければ、機能はしないであろう。そこで、第2章の「福祉の細分化」では、その構造のなかを行ったり来たりするものの存在を扱った。むろん、それは当事者をはじめとするその周辺の方々なのだが、システム論で言うならば、それはおそらく**情報体**のことである。

情報とは他との差異を示すメッセージである。

これを最初に定義したのは、グレゴリー・ベイトソンであった。

情報はひとりではいられないのだ。だからこそ、ノウフクには多様な方々が集まるのであろう。当事者ひとりだけではいられないときがあるからこそ、そこに他の方々もおのずと集まってくる。そして、その周辺の方々もまた、さらなる多様な方々を引き寄せるのである。その理由は、第3章にちりばめておいた。

間もなく、ひとりでは生きていけない時代がやってくると私は見ている。それほど、今の日本は佳くない。しかし、ノウフクには妙に多様に憂国の情を抱く方々が集まるのだ。これほどの好機はしばらくないであろう。方法さえ間違えなければ、我が国はノウフクから陽はまた昇るのである。

第3章の「連携のモデル」には、このような想いを込めて、ノウフク以外でも貫ける**システム**を提示した。

おそらく人はできるようになるまで、完全な道を歩き、有終の美を飾る方法を求め過ぎたのではないだろうか。しかし、この方法ではもう間に合わない。採るべき方法は、**未完に徹し、互いに最適化された連携を進めていくシステム**だということである。

完結とは、出来事を区切ることに他ならない。

したがって、物事を完結させれば、情報が出入りしにくくなってしまう。そうではなくて、**あえて未完にしておくことで、多様なものがカワルガワル往来する関係性を築きあげていただければと感じている**。わからないものは、わからないままとっておく。連携を考えるのであれば、あえてひとりで全部をわかろうとせず、わからないものを挙げおいて、そのときをそこはかとなく待つというのも、大人のふるまいなのではないか。

基本的には、支援者が現場の構造をつくり、外の情報を持ったコーディネーターが、時折やってくるシステムづくりができれば、ノウフクは機能していく。その意味で、コーディネーターはマレビトやネットワーカーといったロールを担う必要があるということも、肝要であった。見方を変えれば、支援者が現場を秩序立てているのに、新たな情報を持って、マレビトのコーディネーターがまたそれを毀(こわ)しては去る。この繰り返しが、ノウフクの鼓動なのだ。

ノウフクの持続可能な始め方をまとめるならば、次のようになる。

1、多様な方々を受け入れる。
2、その多様な当事者に適した作業割当てをする。
3、取り組もうとするノウフク全体の目的を微調整する。

この**手順を間違えずに、現場でルーティン化していくと、ノウフクはおのずとシステム化する。**

幾度もこれを繰り返していただきたい。

ところが実際は、同じように繰り返そうとしても、微かにズレていく。それは新たに多様な方々が加わったことによるものだけれども、この**微かに外しながら、物事を進めていく**ことこそ、我が国の伝統芸であった。

かつて日本の絶対美を求める方法は、カネワリと呼ばれた。

カネワリで美を割り出しても、結局は、西欧の黄金律とほぼ変わらないのであるが、我が国の場合は、三分がかりといって、あえて絶対美から9㎜ほどズラすのを佳しとした。千利休の秘伝である。その真理から微かに外れた空間的あいだに、価値を見出したのである。

昨今は、ノウフクを題材として、論文を書く学生も珍しくなくなった。その中には、海外の事例から学ぶだけではなく、日本のノウフクを片手に文化交流していいという風に考え、日本の発酵食品等も絡めて、世界へと羽ばたこうとする若者も出てきた。大変結構なことではないか。

願わくば、そこに古き佳き日本への注意も配分して欲しい。日本は身体、特に身を語らずして、わかることはあり得ない。当事者が農業をすることで、身をどう移ろわせ、世界をズラしてきたのか。

我が身が変われば、世界は変わる。

大それたことのように映るかもしれないが、前近代の日本人からしてみれば、しごく当たり前の感覚であった。

さて、既に多様な方々が、いわゆる「農福連携」を見ている。

しかし、その多様さ故に、それぞれのノウフクがあり、「農福連携」という言葉自体がブラックボックス化してしまっているという現状も見受けられる。

ここで自分のノウフクこそと息巻いて、ブラックボックスを自分色に染めようとしても不毛なことは、火を見るより明らかであろう。

当事者をはじめ、その周辺の多様な方々が、さらに互いの色を深め合い、ブラックボックスの境目を共に剝いでいく掛け算の連携を目指すのが、やはり望ましい。

本書の冒頭にて、ノウフクとはグーとパーの握手だと見立て、なじまぬ握手をしていただいたが、結論からいえば、異なる者同士でありながら和合していく方法はいくつかある。その目星はついたであろうか。

よく禅で、「言葉にした途端、真理は去る」といった表現がなされるけれども、ここらあたりを隠れ蓑にして、その本丸は最後まで伏せておくこととする。

あとはご自身の身でもって、体験していただきたい。

本書は、ノウフクの方法をお伝えする一冊であった。

それは「ワケルとワカル」ということであったが、正確には「分け直せば、カワル」ということでもある。同じものでも、境界線を編み直せば、異なるものになる。同様に、まったく違うものでも、境界を変えれば、なじむ。

NLP（神経言語プログラミング：心理学と言語学を合わせた技法）界隈では、「全てのリソースは既に揃っている」といったマインドがよく見られる。**今ここにある資金や仲間で何でもできると信じてみる**ということではないか。ノウフクでは、多様な連携が行われていくため、なおさら、このマインドが最適と感じる場面に出くわすことも少なくない。

とにもかくにも、ノウフクという方法は面白い。

それもまた農業と当事者の力なのであろう。

私は我が国の陽がまた昇ることを信じている者のひとりなのだけれども、そのきっかけがノウフクであって欲しいとも願っている。だって、こんなフラジャイル（繊細）で魅力的な掛け算の連携は、なかなか他では見られないからだ。

私のノウフクは父の急逝からいきなり始まった。

それはまさに心が抉られる経験ではあったけれども、徐々に心を癒してくれたのもまた、ノウフクである。農業もまた私をやさしく迎え入れてくれたが、傍らで共に農作業をしている当事者の澄んだ笑顔もまた何よりも有り難かった。

このようなわけで、私のノウフクもまた道半ばに過ぎない。

修行の身のくせして、『ノウフク大全』と身の丈に合わぬ本を草したのは、お叱りを受けそうからである。

なのは目に見えているが、なんというか、未完な私故に、未完のノウフクを書き切れると感じた

あえて未完で留めておく。

現代日本人には違和感しかないかもしれないけれども、これも旧き佳き日本が愛した方法であった。この方法日本は、海外の方々にも急いで共有すべき案件である。

何事もわかりやすくしてしまっては、世界はたちまちつまらなくなってしまう。そうではなくて、わからないものもわからないまま、あえてとっておく姿勢が、多様ということであり、度量ということなのかもしれない。

昔、世界にFUKUOKAという農家の名が自然農法と共に知れ渡ったのと同様に、西欧のケアファームとは一味違った日本的なNOUFUKUもまた、世界に広がっていく未来があってもよいではないか。

あるいは、これは三重県農業大学校の富所（とどころ）康広副学長が話されていたことだが、「ノウフク」という言葉がなくなるくらい、当事者が当たり前に農業で活躍する未来もまた、惹かれるものがある。

私のフラジャイルなノウフクは、当事者も含めた皆さまとの出会いで支えられてきた。そのうち誰ひとり欠けても、今の私はあり得なかった。この場をお借りして、深く御礼申し上げたい。

新しい時代の幕開けに、本書が露のひとしずくにもとなれば望外の喜びである。

２０２４年　初冬

髙草　雄士

謝辞

まず兵庫県立大学淡路景観園芸学校の豊田正博教授に心から感謝申し上げたい。淡路島で豊田先生のご講義を親子で拝聴した数日後に父は急逝したが、私のノウフクの源流は間違いなくあの一場になる。父との最後の想い出が、あの淡路島でなければ、とても父の事業を継ぐことはできなかった。また、北海道や新潟の調査研究事業をはじめとして、日頃からいろいろとご教示いただいている千葉大学の吉田行郷先生にも、感謝申し上げる。

そして、本来的な意味で、父のノウフクを継いだパーソルダイバース株式会社の岩﨑諭史（さとし）さんもいつもありがとう。いきなり私のノウフクが始まったとき、岩﨑さんからの数々のご助言が、亡き父と会話をしているように映っていた。一般社団法人ノーマポートが今もあるのは、ひとえに岩﨑さんのお陰である。また、よこすか・みうら岬工房の皆さま、本書に写真を使わせていただいた援農先の株式会社ピーカブーの石井亮代表、クローバーファーム株式会社の小林大晃（ひろあき）・志村達也両代表にも心より感謝申し上げたい。

さらに、世田谷区と共に、グループ会社で壮大な連携をされている電通グループ農福連携コンソーシアムの皆さま、八王子で持続可能なノウフクを展開されているＮＰＯ法人わかくさ福祉会の皆さまにも感謝の気持ちでいっぱいである。

また、農園型障害者雇用問題研究会の末席に私を加えてくださった皆川芳嗣（よしつぐ）会長理事はじめ、いつもお世話になっている一般社団法人日本農福連携協会の皆さまにも、御礼を申し上げたい。貴重な機会ばかりを頂戴し、毎回、背筋が伸びる思いであった。

農福連携技術支援者育成研修に毎年呼んでくださる各都道府県ならびに農林水産省農福連携推進室の皆さまにも感謝申し上げたい。受講生とは一期一会の出会いばかりだが、だからこそ大切にしていきたいと痛切に感じている。

とにもかくにも、未だに父の仕事仲間と共に今でもノウフクをやらせていただいているのも、大変有り難い環境である。いつまで経っても、至らぬところばかりの愚息ではあるが、引き続きご指導ならびにご鞭撻のほどをお願いしたい。

なお、父に顔を見せることは叶わなかったものの、本書の執筆は家内のお腹にいる第一子の胎動を感じながら草した。母子共に文字どおり一心同体というのは、頭ではわかっていたつもりであったが、実際にその生命に触れると、私にとっては神秘そのものであった。

逆に、私に「編集」を教えてくださった松岡正剛（せいごう）校長が執筆中に遂に逝かれてしまった。このご縁もなければ、父の事業を継ぐことはとても叶わなかったであろう。本書も、松岡校長の面影を追って編んだ部分が少なくない。謹んでご冥福をお祈りしたい。十離の皆さまからも、酒と共に、編集的なひらめきを相当に頂戴した。

そして、農福連携特例子会社連絡会（ノウトク）会員の皆さまにも、御礼申し上げる。これからのノウフクにおいて、もはや企業参入は欠かせない。どのようにしていけば、互いに持続可能なのかを、共に模索していければ、幸甚である。清水克衛（かつよし）会長をはじめＮＰＯ法人読書普及協会会員の皆さまも、いつもありがとう。これは理事長としてのエゴではあるが、普段、全国で開催されている読書会の傍らにプチ農業が添えられると、よりこの世界は面白くなるのではないか。引き続き「ほんのアジール」を背負いながら、ちいさな晴耕雨読も皆さまと共に進めていきたい。

最後に、創森社代表の相場博也社長とのご縁も大変有り難いものであった。薄い本がもてはやされている昨今、ある程度の熱量を注げる頁数を書いてよい機会を頂戴できたのは、純粋にただただ嬉しかった。ノウフクと出版の連携もこれから必須ではないか。改めて感謝を申し上げる次第である。

■一般社団法人ノーマポート

npmail@nomaportj.com

〒231-0062 神奈川県横浜市中区桜木町2-2 港陽ビル４F

〔書店復興プロジェクト〕

本書を書店（ネット書店は不可）でお買い求めいただいた読者には特典として、第２章の「利き目の使い方応用編」を動画でプレゼントします。レシートを添付の上、上記メールアドレスに「ノウフク大全特典」というタイトルでメールをお送りください

当事者（障害者）によって、
種が二粒ずつまかれたセルトレイ

●

デザイン――塩原陽子
ビレッジ・ハウス
写真協力――石井亮（株式会社ピーカブー）
小林大晃・志村達也（クローバーファーム株式会社）
校正――吉田 仁

●髙草雄士（たかくさ ゆうし）

1979年横浜生まれ。晴れの日は農福連携に、雨の日は読書普及に注力し、日々「晴耕雨読」の四字熟語をなぞっている。農福連携においては、農業と福祉、そして企業のあいだをコーディネートし、全国各地を行ったり来たりしている。2024年度は北海道・静岡県・三重県・佐賀県・鹿児島県の農福連携技術支援者育成研修講師を担当。ノウフクを題材とした記事「僕らはひたすら草を土に置く」にて文藝春秋SDGsエッセイ大賞2023グランプリ受賞（ペンネーム：KODO)。論文に「英語に於ける二重着点現象」（日本英語学会）等がある。雅号は髙堂巓古（こうどうてんこ)。ハンガリーのラダイ博物館やカンボジアのタマサホテル等で茶を点て、オーストリアのスタッド博物館やチェコのルジャンキー公園、イタリアのIACギャラリー等で書を展示。白味噌とヘビメタが好き。

所属：〈晴耕〉農福連携特例子会社連絡会（代表)、一般社団法人ノーマポート（代表理事)、一般社団法人日本農福連携協会（アナリスト)、ＮＰＯ法人わかくさ福祉会（障害者雇用支援員)、米国プロテニス協会（公認コーチ）

〈雨読〉NPO法人読書普及協会（理事長)、表千家（講師）・ISIS編集学校（十離）

ノウフク大全～農福連携技術支援から農園型雇用まで～

2024年12月６日　第１刷発行

著　　者――髙草雄士

発 行 者――相場博也

発 行 所――株式会社 創森社

〒162-0805 東京都新宿区矢来町96-4

TEL 03-5228-2270　FAX 03-5228-2410

https://www.soshinsha-pub.com

振替00160-7-770406

組　　版――有限会社 天龍社

印刷製本――中央精版印刷株式会社

落丁・乱丁本はおとりかえします。定価は表紙カバーに表示してあります。

 ISBN978-4-88340-371-4 C0061